计算机网络技术
（第 2 版）

主　编　乔寿合　　岳宗辉　　孙中诺
副主编　袁　哲　　万晓燕　　贾　佳
　　　　丁　蕊　　张金涛

北京理工大学出版社
BEIJING INSTITUTE OF TECHNOLOGY PRESS

内 容 简 介

　　本教材为适应计算机网络技术的快速发展，以满足企业工作岗位中网络组建、管理和维护为目标，采用"项目导向，任务驱动"的教学方式，把计算机网络方面的理论知识融入具体任务中，以求达到知行合一的教学效果。本教材包括初识计算机网络、网络地址规划、组建办公室对等网络、组建虚拟局域网、组建无线局域网、广域网技术、安装 Windows Server 2016、Windows Server 2016 中用户和组的管理、配置 Windows Server 2016 网络服务、构建网络安全防护体系和诊断与排除网络故障共 11 个项目。

　　本教材可作为计算机相关专业学生的教材，也可作为广大网络管理人员及技术人员的参考用书。

图书在版编目（CIP）数据

　　计算机网络技术 / 乔寿合，岳宗辉，孙中诺主编.
2 版. -- 北京：北京理工大学出版社，2025.1.
ISBN 978 - 7 - 5763 - 4919 - 1

　　Ⅰ. TP393
　　中国国家版本馆 CIP 数据核字第 2025NP1198 号

责任编辑：封　雪		**文案编辑：**李春伟	
责任校对：王雅静		**责任印制：**施胜娟	

出版发行 / 北京理工大学出版社有限责任公司
社　　址 / 北京市丰台区四合庄路 6 号
邮　　编 / 100070
电　　话 / (010) 68914026（教材售后服务热线）
　　　　　　　(010) 63726648（课件资源服务热线）
网　　址 / http://www.bitpress.com.cn

版 印 次 / 2025 年 1 月第 2 版第 1 次印刷
印　　刷 / 唐山富达印务有限公司
开　　本 / 787 mm × 1092 mm　1/16
印　　张 / 18.75
字　　数 / 440 千字
定　　价 / 89.00 元

前　言

党的二十大报告指出：教育、科技、人才是全面建设社会主义现代化国家的基础性、战略性支撑。必须坚持科技是第一生产力、人才是第一资源、创新是第一动力，深入实施科教兴国战略、人才强国战略、创新驱动发展战略，开辟发展新领域新赛道，不断塑造发展新动能新优势。教育、人才、科技是辩证统一的整体，科技进步靠人才，人才培养靠教育，教育是人才培养和科技创新的根基。近年来，随着计算机技术的发展，物联网、云计算、大数据、人工智能等新兴技术层出不穷，这些新兴技术无一不是以计算机网络为基础而发展起来的，因此学习掌握与计算机网络相关的知识和技能就显得尤为重要。本教材以党的二十大精神为指引，全面贯彻党的教育方针，落实立德树人根本任务，努力为培养造就大批德才兼备的高素质人才，为加速建设网络强国、数字中国服务。

计算机网络方面的教材很多，多数是针对本科生、研究生等层面的教材，理论知识讲解较深，实践性、技能类知识略少；即使是职业教育类教材，大多也是重理论、轻实践。编者针对高等职业院校学生的培养目标及学习特点，总结多年计算机网络教学经验，结合目前流行的计算机网络技术并借鉴华为认证系列课程的内容提炼出计算机网络理论与实践应用为一体的、适合高等职业院校学生学习的职业类教材。

"计算机网络技术"是高等职业院校计算机应用技术及相关专业学生学习的一门专业基础课，该课程涉及的知识面较广，理论性和实践性都较强。本教材根据计算机网络在工作和生活中应用的场景，重构了计算机网络的基础知识，对知识点进行归属性分析，设计了11个项目。每个项目中都配备了对应的实训任务，并将理论知识融入实训任务的操作过程中，在实训任务的操作过程中着力培养学生的职业技能和职业素养。最后，本教材通过巩固练习加深学生对理论知识和实践技能的记忆、理解和运用。希望学生在学习本教材后，能够在掌握计算机网络理论知识的基础上熟练进行计算机网络的组建、运行、管理和维护。

本教材具有以下特点：

（1）采用"项目导向、任务驱动"的编写方式，通过分析工程实例加强学生对理论知识和实践技能的掌握。

（2）属于校企合作双元开发。本教材的编写团队既有学校山东省精品资源共享课程"计算机网络技术"教学团队的主讲教师，又有企业的高级工程师。本教材在内容的选取上不仅考虑到了网络基础知识学习方面的需求，还充分融合了企业项目中网络技术应用方面的需求。

（3）面向专业广，受益者多。本教材不仅适用于计算机应用工程、网络工程技术、计算机应用技术、云计算技术应用和物联网应用技术等高等职业院校专业的学生学习，也可作为广大网络管理人员及技术人员学习网络知识的参考书。

本教材的配套网络课程网址为：https://umooc.sdws.edu.cn/meol/index.do。

在本教材的编写过程中，编者参考了国内外近年来出版的计算机网络方面优秀的教材、专著和文献，在此对相关作者表示最衷心的感谢。

由于编者水平有限，教材中难免存在错误和不妥之处，恳请广大读者批评指正，以便再版时更正。编者的电子邮件地址是 qiaoshouhe@sdws.edu.cn。

编　者

目录

项目 1

初识计算机网络

【项目导入】

佳明是一位计算机专业的在校大学生。在学习过程中经常需要通过网络获取相关的知识。在使用计算机网络的过程中接触到了"云计算"、"大数据"、"互联网＋"、"三网融合"和"电子商务"等与计算机网络相关的名词，他对此十分好奇。想了解计算机网络是如何发展起来的？计算机网络的功能有哪些？我们个人的计算机又是如何连接到网络上的？本项目将带领大家揭开计算机网络的神秘面纱。

【职业能力目标】

知识目标

➢ 了解计算机网络的发展历史

➢ 掌握计算机网络的定义、功能和组成

➢ 掌握计算机网络中常用传输介质的类型

➢ 掌握计算机网络的分类

➢ 掌握数据通信系统的组成

➢ 了解数据通信的方式

技能目标

➢ 能够完成利用剥线钳、压线钳等工具制作双绞线的操作

➢ 能够利用华为 eNSP 网络设备仿真平台搭建网络拓扑图

素质目标

➢ 培养学生科技创新、强国有我的职业精神

1.1 知识要点

1.1.1 计算机网络的发展

计算机网络的发展经历了四个阶段：面向终端的计算机网络、面向资源共享的计算机网络、开放式标准化的计算机网络和网际互连与高速发展的计算机网络。

1. 面向终端的计算机网络

在发展的早期阶段，计算机所使用的操作系统多为分时系统。分时系统允许每一个操作者通过只含有显示器和键盘的哑终端来使用主机。哑终端没有自己的 CPU（Central Processing Unit，中央处理器）、内存和硬盘，不具备独立处理数据的功能。这就是早期的面向终端的联机系统，即由一台中央主计算机连接大量处于分散地理位置上的终端。早在 20 世纪 50 年代初，美国建立的半自动地面防空系统（Semi－Automatic Group Environment，SAGE）就将远距离的雷达和其他测量控制设备的信息通过通信线路汇集到一台中心计算机中进行处理，从而开创了把计算机技术和通信技术相结合的新局面。

随着连接的终端数目增多，为减小承担数据处理的中心计算机的负载，在通信线路和中心计算机之间设置了前端计算机（Front End Processor，FEP）或通信控制器（Communication Control Unit，CCU），专门负责与终端（Terminal，T）之间的通信控制。另外，在终端比较集中的地区设置集中器或多路复用器，利用它们首先将附近群集的终端通过低速线路连接起来，然后通过高速通信线路、调制解调器（Modem）与远程中心计算机的前端处理机相连，组成如图 1－1 所示的以单个计算机为中心的远程联机系统，提高了通信线路的利用率，节省了远程通信线路的投资。

图 1－1　以单个计算机为中心的远程联机系统

2. 面向资源共享的计算机网络

20 世纪 60 年代中期，英国国家物理实验室的戴维斯提出了分组的概念。1969 年 12 月，由美国国防部高级研究计划署 ARPA（现称 DARPA，Defense Advanced Research Projects Agency，美国国防部高级计划局）提供经费，由计算机公司与大学联合研制而发展起来的分组交换网 ARPANET（阿帕网）投入运行，标志着计算机网络的兴起。

ARPANET 的主要目标是借用通信系统，使网络中的计算机系统间能够资源共享。ARPANET 是计算机网络技术发展中的一个里程碑，是现代互联网的雏形。它在概念、结构和网络设计方面都对后继的计算机网络技术的发展起到了重要的作用，也为互联网的形成奠定了基础。

3. 开放式标准化的计算机网络

20 世纪 80 年代，随着计算机应用的推广，计算机联网的需求也随之增大，各种不同的分层网络体系结构相继出现。以 IBM 公司研制的系统网络体系结构（System Network Architecture，SNA）和 DEC 公司研制的数字网络体系结构（Digital Network Architecture，

DNA）最为著名。

由于不同网络体系结构的分层结构不尽相同，因此它们的产品之间也很难实现互连。这种自成体系的系统称为"封闭"系统。为此，人们希望建立一系列开放的国际标准，渴望有一个"开放"的系统。国际标准化组织（International Standards Organization，ISO）于1977 年成立了专门的机构来研究该问题，在 1984 年正式颁布了开放系统互连参考模型（Open System Interconnection Basic Reference Model，OSI/RM）。OSI/RM 由七层组成，因此也称为 OSI 七层模型。OSI/RM 的提出，开创了一个具有统一的网络体系结构并遵循国际标准化协议的计算机网络新时代。

4. 网际互连与高速发展的计算机网络

20 世纪 90 年代，计算机技术、通信技术及建立在计算机技术和通信技术基础上的计算机网络技术迅猛发展。在此期间，计算机网络技术中最富有挑战性的话题是 Internet 与高速通信网络技术、接入网技术、网络与信息安全技术等。

1993 年美国宣布建立国家信息基础设施（National Information Infrastructure，NII）后，全世界许多国家纷纷建立本国的 NII，从而极大地推动了计算机网络技术的发展，使计算机网络技术进入了一个崭新的阶段。Internet 作为全球性的信息网络，在社会经济、文化、科学研究、教育与人类生活中发挥着越来越重要的作用。宽带网络技术的发展为全球信息高速公路的建设提供了技术支持。

1.1.2 计算机网络的定义

计算机网络是计算机技术和通信技术相结合的产物。

计算机网络是指将分布在不同地理位置、具有独立功能的多台计算机及其外部设备用通信设备和通信线路连接起来，在网络操作系统、通信协议和网络管理软件的协调下实现资源共享和数据通信功能的系统。

1.1.3 计算机网络的功能

计算机网络的功能主要体现在以下几个方面：

1. 实现计算机系统的资源共享

资源共享是计算机网络最基本的功能之一。所有的单机系统，无论硬件还是软件资源都是有限的。接入网络后，用户就可以使用网络中其他计算机的资源来处理自己提交的大型复杂问题。网络中可共享的资源包括硬件资源（如大容量磁盘、光盘阵列、打印机等）、软件资源（如各类应用软件和工具软件等）和数据资源（如数据文件和数据库等）。

2. 实现数据信息的快速传递

利用计算机网络将分布在不同地区的计算机系统连接起来，能够及时、快速地传递各种信息，极大地缩短了不同地点计算机之间数据传输的时间。这对于股票和期货交易、收发电子邮件、网上购物、电子贸易而言，是必不可少的。

3. 提高系统的可靠性

在一个系统中，单个部件、计算机或通信链路出现故障的概率还是存在的，一旦发生故障，可以通过更换资源的方法来维护系统的继续运行，此时不可避免地会出现服务的间断。通过建立计算机网络，重要资源可通过网络在多个地点互做备份。用户可通过多条路由来访问某些资源，从而有效地避免了系统中单个部件、计算机或通信链路的故障对用户访问造成的影响。

4. 提供负载均衡能力

一个大型 Internet 内容提供商（Internet Content Provider，ICP）为了支持更多的用户访问其网站，在全世界多个地方放置了相同内容的 WWW 服务器。利用 WWW 服务器和一定技术使不同地区的用户看到放置在离他最近的服务器上的相同内容，以实现各服务器的负载均衡，同时用户也获得了最快捷的访问路由。

5. 提供分布式处理能力

分布式处理是把任务分散到网络中不同的计算机上并行处理，而不是集中在一台大型计算机上处理。其具有解决复杂问题的能力，可以提高效率并降低成本。

6. 集中管理

对于那些地理位置上分散而需要集中管理事务的组织和部门，可通过计算机网络来实现这个目标。如飞机、火车票订票系统、银行通存通兑系统、证券交易系统等。由于这些系统中的信息或数据分散在不同地区，且又需要对信息或数据进行集中处理，只靠单个计算机系统是无法完成的，因此就必须借助于计算机网络来完成管理和集中处理。

1.1.4 计算机网络的组成

1. 计算机网络从系统的组成方面划分，可分为网络硬件系统和网络软件系统。

（1）网络硬件系统主要是指组成计算机网络的硬件设备，包括计算机系统、终端及通信设备。常见的网络硬件有主机系统、终端、传输介质、网卡、集线器、交换机和路由器等。

（2）网络软件系统包括网络操作系统、网络通信协议和各种网络应用软件等。

网络操作系统包括服务器操作系统和工作站操作系统。常见的服务器操作系统有 Novell 公司的 Netware 系统、微软公司的 Windows Server 系统、UNIX 系统以及 Linux 系统等；常见的工作站操作系统有 Windows 7、Windows 8 和 Windows 10 等。

网络通信协议是指实现网络协议规则和功能的软件，它运行在网络计算机和设备之间。网络中的通信双方必须遵循相同的通信协议才能实现连接并进行数据的传输，完成信息的交换。使用不同协议的计算机之间要进行通信，必须经过中间协议转换设备的转换。一般主流网络协议都集成在操作系统中。用户安装操作系统时，即把协议软件安装在计算机中了，如 Windows 操作系统中的 TCP/IP（Transmission Control Protocol/Internet Protocol，传输控制协议/网际协议）。

网络应用软件是指在网络环境下开发出来的供用户在网络上使用的应用软件，如网络浏览器软件 Internet Explorer 及基于本地网络开发的应用软件。

2. 计算机网络从逻辑功能划分，可分为资源子网和通信子网。

（1）资源子网提供访问网络和处理数据的功能，由主机系统、终端控制器和终端组成。

（2）通信子网提供数据的传输、交换及通信控制的功能，由网络节点和通信链路组成。

1.1.5　计算机网络的分类

1. 按计算机网络覆盖范围分类

（1）局域网（Local Area Network，LAN）。局域网覆盖范围一般在十几千米以内，属于规模较小的部门或企业的内部网。局域网组建方便、速度较快、误码率较低，是目前计算机网络应用最广泛的一个分支。

（2）城域网（Metropolitan Area Network，MAN）。城域网覆盖范围可达到几十千米，可以覆盖一个城市范围内的公司、学校、住宅区等，所采用的技术与局域网有所类似，基本等同于局域网的概念。

（3）广域网（Wide Area Network，WAN）。广域网覆盖范围在几十千米到几千千米，甚至更远，可以覆盖一个地区或国家。广域网网络规模较大，组建技术较为复杂，与局域网相比速度较慢，误码率较高。Internet 是目前世界上最大的一种广域网。

2. 按使用的传输介质划分

传输介质是网络中连接收发的物理链路，也是通信中实际传送信息的载体。网络传输介质一般分为有线传输介质和无线传输介质。计算机网络按照物理链路中使用的传输介质可分为有线网和无线网。

（1）有线网。有线网物理链路中使用的传输介质为有线传输介质。常用的有线传输介质主要有双绞线、同轴电缆和光纤等。

①双绞线。

双绞线是由两根具有绝缘保护层的铜导线组成，两根绝缘的铜导线按一定的绞合度互相绞在一起，可降低信号的干扰程度，每一根导线在传输中辐射出来的电波会被另一根导线上发出来的电波抵消。双绞线可分为非屏蔽双绞线（Unshielded Twisted Pair，UTP）和屏蔽双绞线（Shielded Twisted Pair，STP）。非屏蔽双绞线由外部保护层与多对多绞线组成，屏蔽双绞线由外部保护层、屏蔽层和多对多绞线组成。

双绞线是布线工程中最常用的一种传输介质，使用双绞线组网时，与双绞线相连的是 RJ–45 接头，俗称"水晶头"。双绞线两端必须都安装 RJ–45 接头，以便插在网卡、集线器或交换机的 RJ–45 接口上。

RJ–45 接头上的线序有两种标准（图 1–2），即 T568A 和 T568B，工程中最常用的是 T568B 的打线方法。

T568A：绿白 –1、绿 –2、橙白 –3、蓝 –4、蓝白 –5、橙 –6、棕白 –7、棕 –8；

T568B：橙白 –1、橙 –2、绿白 –3、蓝 –4、蓝白 –5、绿 –6、棕白 –7、棕 –8。

非屏蔽双绞线是由 4 对 8 芯线组成，直接参与通信的导线是 1、2、3、6 这 4 根线，其中 1 和 2 负责发送数据；3 和 6 负责接收数据。

双绞线根据两端线序的不同分为直通线和交叉线。直通线是指双绞线两端线序都是 T568A 或 T568B，用于不同类设备的相连；交叉线是指双绞线一端线序为 T568A/T568B，而另一端线序为 T568B/T568A，用于同种设备的相连。

图1-2 双绞线的两种线序标准

（a）T568A；（b）T568B

②同轴电缆。

同轴电缆由一个中心的铜质导线外包一层绝缘层，再包上一层金属网状编织的屏蔽网及塑料封套共同组成（图1-3）。由于外导体的金属屏蔽层的作用，同轴电缆具有很好的抗干扰性，目前被广泛用于较高速率的数据传输中。

图1-3 同轴电缆的结构

同轴电缆根据用途分可分为基带同轴电缆和宽带同轴电缆。同轴电缆分 50 Ω 基带电缆和 75 Ω 宽带电缆两类。50 Ω 基带电缆又分细同轴电缆和粗同轴电缆。基带电缆仅用于数字传输，数据传输速率可达 10 Mbit/s。75 Ω 宽带电缆用于模拟传输系统，是社区公共电视天线系统（Community Antenna Television，CATV）中的标准传输电缆。

③光纤。

光纤是光导纤维的简称，由直径大约为 0.1 mm 的细玻璃丝外加绝缘护套组成，其结构如图1-4所示。光束在玻璃纤维内传输。光纤通信就是以光纤为传输介质的一种通信方式。光纤通信具有传输频带宽，信息容量大，线路损耗低，传输距离远，抗干扰能力强，线径细，质量轻，抗化学腐蚀能力强等优点；但其本身也有缺点，如质地较脆和机械强度低等。

图1-4 光纤结构

（a）光纤的外观；（b）光纤的剖面图

　　a. 光纤的通信原理。

　　光纤通过内部的全反射来传输一束经过编码的光信号。光波通过光纤内部全反射进行光传输，由于光纤的折射指数高于外部包层介质折射指数，因此，可以形成光波在光纤与包层的界面上的全反射，以小角度进入纤维的光沿纤维反射，而锐角度的折射线被保护层吸收。

　　b. 光纤通信系统。

　　光纤通信系统是以光波为载体，利用光导纤维为传输介质，通过光电变换，用光来传输信息的通信系统，如图 1-5 所示。

光发送机　　光接收机　　光接收机　　光发送机

图 1-5　光纤通信系统

　　光源：光波产生的根源。光纤系统使用两种不同类型的光源，即发光二极管和注入型激光二极管。发光二极管价格较低，工作在较大温度范围内，并且有较长的工作周期；注入型激光二极管效率较高，而且可以保持很高的数据传输速率。

　　光纤：传输光波的导体。

　　光发送机：负责产生光束，将电信号转变为光信号，再把光信号导入光纤。

　　光接收机：负责接收从光纤上传输过来的光信号，并将它转变为电信号，经解码后再做相应处理。

　　c. 光纤的分类。

　　光纤分为单模光纤和多模光纤两种（"模"指以一定的角度进入光纤的一束光线）。

　　单模光纤中，芯的直径一般为 9 μm 或 10 μm，使用激光作为光源，并只允许一束光线穿过光纤。单模光纤定向性强，传递数据质量高，传输距离最远可达 100 km，通常用于长途干线传输及城域网建设等。

　　多模光纤中，芯的直径一般是 50 μm 或 62.5 μm，使用发光二极管作为光源，允许多束光线同时穿过光纤。多模光纤定向性差，最大传输距离为 2 km，一般用于距离相对较近的区域内的网络连接。

　　（2）无线网。

　　无线网物理链路中使用的传输介质为无线传输介质。

　　常用的无线传输介质有：无线电波、微波和红外线。

　　①无线电波。

　　无线电波是指在自由空间（包括空气和真空）中传播的射频频段的电磁波。无线电技术是通过无线电波传播声音或其他信号的技术。无线电技术的原理是导体中电流强弱的改变会产生无线电波。利用这一现象，通过调制可将信息加载于无线电波之上。当无线电波通过空间传播到达收信端时，电波引起的电磁场变化又会在导体中产生电流。通过解调将信息从电流变化中提取出来，就达到了信息传送的目的。

采用无线电波作为传输介质的无线局域网根据调制方式不同，可分为扩频调制与窄带调制。使用扩频调制的无线局域网所使用的频段主要是 S 频段（2.4～2.483 GHz），该频段在美国不受美国联邦通信委员会的限制，属于工业自由辐射频段，不会对人体健康造成伤害，因此无线电波成为无线局域网最常用的传输介质。使用窄带调制方式的无线局域网一般选用专用频段，需要经过国家无线电管理部门的许可方能使用。

②微波。

通常所说的微波是无线电波的一种，即波长范围在 1 mm～1 m（不含 1 m）的电磁波，无线电波按波长可以分为长波、中波、短波，如果波长比短波更短，就称为微波。

③红外线。

红外线由德国科学家霍胥尔于 1800 年发现，是太阳光谱中众多不可见光线中的一种，又称为红外热辐射。霍胥尔用三棱镜将太阳光分解开，在各种不同颜色的色带位置上放置了温度计，试图测量各种颜色光的加热效应。结果发现位于红光外侧的那支温度计升温最快。因此得到结论：太阳光谱中，红光的外侧必定存在看不见的光线，这就是红外线。

红外线采用低于可见光的部分频谱作为传输介质，因此，其使用不受无线电管理部门的限制。红外信号要求视距传输，并且窃听困难，对邻近区域的类似系统不会产生干扰。在实际应用中，由于红外线具有很强的背景噪声，受日光和环境等影响较大，因此一般要求其发射功率较高。

3. 按拓扑结构分类

按拓扑结构可将计算机网络分为总线型网、环型网、星型网、树状网、网状网等。

4. 按网络的所有权分类

（1）公用网一般指由电信部门组建，由政府和电信部门管理和控制的网络，如中国公用计算机互联网（CHINANET），允许社会集团用户和公众通过租用数字数据网（DDN）、公共电话网（PSTN）、X.25、帧中继（FR）等方式接入互联网，享受国际信息交流服务。该类网络对集团用户和个人用户来讲投资成本低，但安全性不如专用网。

（2）专用网。专用网一般指为某一组织组建的网络，该类网络不允许系统外的用户使用。例如，银行、公安、铁路等系统建立的网络是专为本系统内用户使用的。该类网络运行稳定，系统安全性高，但对于组建网络的组织来讲投资成本巨大。

1.1.6　数据通信系统

通信的目的是单、双向地传递信息。从广义上说，采用任何方法、通过任何介质将信息从一端传送到另一端的过程都可以称为通信。在计算机网络中，数据通信是指在计算机之间、计算机与终端，以及终端之间传送表示字符、数字、语音和图像的二进制代码 0、1 比特序列的过程。

1. 数据通信的基本概念

数据通信的基本概念包括信息、数据和信号。

（1）信息。

信息（Information）是客观事物属性和相互联系特性的表征，反映了客观事物的存在形式和运动状态。例如，事物的运动状态、结构、温度、性能等都是信息的不同表现形式。信息可以以文字、声音、图形、图像等不同形式存在。

（2）数据。

数据（Data）是事实或观察的结果，是对客观事物的逻辑归纳，是用于表示客观事物的未经加工的原始素材。数据可以是连续的值，例如，日常生活中人的声音强度、电压高低、温度等，这样的数据称为模拟数据。数据也可以是离散的，例如，计算机中的二进制数据只有"0""1"两种状态，这样的数据称为数字数据。现在大多数的数据传输是数字数据传输，本章提到的数据也多指数字数据。

（3）信号。

简单地讲，信号（Signal）就是携带信息的传输介质。在通信系统中，人们常常使用的电信号、电磁信号、光信号、载波信号、脉冲信号、调制信号等术语就是指携带某种信息的具有不同形式或特性的传输介质。信号按其参量取值的不同，分为模拟信号和数字信号。模拟信号是指在时间和幅度取值都连续变化的信号。例如，声波就是一种模拟信号，当人说话时，空气中便产生了声波，其中包含了一段时间内的连续值。数字信号是指在时间上离散的、在幅度值上经过量化的信号，它一般是由 0、1 二进制代码组成的数字序列。数字信号从一个值到另一个值的变化是瞬时发生的，就像开关电灯一样。

（4）理解数据、信息和信号的联系和区别。

信息、数据和信号这三者是紧密相关的，通常用数据表达信息，传送这个信息就是把表达这个信息的数据发送出去，为此要依赖于一定的物理信号，这与使用的传输介质有关。

一般情况下，数据是数据链路层的概念，要保证在介质上传输的信息的准确性；信息是应用层的概念，要保证我们要表达的意思；信号是物理层的概念，是指电平的高低、线路的通断等。例如，我们在打电话时，电话线要有"信号"，交换机交换的是语音"数据"，而我们和接电话的人交换的是"信息"。

注意

信号按其参量取值的不同，分为模拟信号和数字信号。所谓连续和离散，是指信号的参量值。

2. 数据通信系统模型

信息的传递是通过通信系统来实现的。在通信系统中产生和发送信息的一端叫作信源，接收信息的一端叫作信宿，信源和信宿之间的通信线路称为信道。信息在进入信道时要经过发送设备变换为适合信道传输的形式，经过信道的传输，在进入信宿时，信息要经过接收设备变换为适合信宿接收的形式。信号在传输过程中会受到来自外部或信号传输过程本身的干扰，噪声源是信道中的噪声以及分散在通信系统其他各处的噪声的集中表示。

（1）数据通信系统的组成。

数据通信系统主要由 6 个部分组成：信源、发送设备、信道、噪声源、接收设备和信宿，如图 1-6 所示。

图1-6　通信系统模型

①信源。

信源是信息的发送端，指的是发出待传送信息的人或设备。在通信系统中信源即产生和发送信号的设备或计算机。

②发送设备。

将信源发出的信息变换成适合在信道上传输的信号。对应不同的信源和信道，发送设备有不同的组成和变换功能。信源端的发送设备可以是编码器或调制器。

③信道。

信道是通信双方以传输介质为基础的传输信息的通道，它是建立在通信线路及其附属设备上的。按传输介质的不同，信道可以分为有线信道和无线信道；按传输信号的类型可以分为模拟信道和数字信道。用于传输模拟信号的信道称为模拟信道，用于传输数字信号的信道称为数字信道。

④噪声源。

一个通信系统在实际通信中不可避免地存在着噪声干扰，而这些干扰分布在数据传输过程的各个部分，为方便分析或研究问题，通常把它们等效为一个作用于信道上的噪声源。

⑤接收设备。

将从信道上接收的信号类型变换成能够被信宿处理的信号类型，对应不同的信源和信道，接收设备有不同的组成和变换功能。信宿端的接收设备可以是译码器或解调器。

⑥信宿。

信宿就是信息的接收端，是接收所传送信息的人或设备。

（2）数据通信系统的主要技术指标。

描述数据传输速率和传输质量时，往往需要用到数据传输率、波特率、信道容量和误码率等技术指标。

①数据传输速率。

数据传输速率又称比特率，是一种数字信号的传输速率。它是指每秒钟所传输的二进制代码的有效位数，单位为比特/秒（记作bit/s）。

②波特率。

波特率是指每秒钟发送的码元数。它是一种调制速率，单位为波特（baud）。波特率也称波形速率或码元速率。

③信道容量。

信道容量用来表示一个信道传输数字信号的能力。它以数据传输速率作为指标，即信道所能支持的最大数据传输速率。信道容量仅由信道本身的特征决定，与具体的通信方式无关，它表示的是信道所能支持的数据传输速率的上限。

④误码率。

误码率是衡量数据通信系统在正常工作情况下传输可靠性的指标。它是指传输出错的码元数占传输总码元数的比例。误码率也称为出错率。

⑤吞吐量。

吞吐量是指单位时间内整个网络能够处理的信息总量，单位是字节/秒或位/秒。在单信道总线型网络中，吞吐量 = 信道容量 x 传输效率。

⑥信道的传播延迟。

信号在信道中传播，从发送端到达接收端需要一定的时间，这个时间叫作传播延迟（也称时延）。这个时间与发送端到接收端的距离有关，也与具体的通信信道中信号传播的速率有关。

1.1.7 数据通信方式

设计一个通信系统时，首先要确定是采用串行通信方式，还是并行通信方式。采用串行通信方式时，只需要在收发双方之间建立一条通信信道即可；采用并行通信方式时，必须在收发双方之间建立多条并行的通信信道。通信信道可由一条或多条通信信道组成，根据信道中某一时刻信息传输的方向，可以分为单工、半双工和全双工 3 种通信方式。

1. 并行传输与串行传输

数据的传送方式有并行传输和串行传输 2 种，如图 1-7 所示。

图 1-7 并行传输与串行传输
（a）并行传输；（b）串行传输

（1）并行传输。

并行传输是一次将待传送信号经由 n 条通信信道同时发送出去。因此，并行传输需要 n 条传信道，使待传送信号能同时沿着各自的信道并行传输。并行传输的优点是传输速率快。计算机与各种外设之间的通信一般采用并行传输方式。并行传输需要的信道数较多，实现物理连接的费用非常高，因此，并行传输仅适用于短距离的通信。

（2）串行传输。

串行传输是指一位位地传输，从发送端到接收端只需要一条通信信道，经由这条通信信道逐位地将待传送信号的每个二进制代码依次发送出去。很明显，串行传输的速率比并行传输的速率要慢得多，但实现起来容易、费用低，特别适用于进行远距离的数据传输。计算机网络中的数据传输一般采用串行传输方式。由于计算机内部的操作多为并行方式，所以采用串行传输时，发送端采用并/串转换装置将并行数据流转换为串行数据流，然后发送到信道上传送；在接收端，又通过串/并转换装置，将接收端的串行数据流转换为8位一组的并行数据流。

采用串行通信方式只需要在收发双方之间建立一条通信信道，而采用并行通信方式必须在收发双方之间建立并行的多条通信信道，因此，对于远程通信来说，在同样的传输速率下，并行通信在单位时间内发送的码元数是串行通信的 n 倍。并行通信需要建立多条通信信道，造价较高。因此，在远程通信中，人们一般采用串行通信方式。

> 计算机主板的总线既有串行传输方式的，也有并行传输方式的，但普通的数据总线、地址总数多数是并行传输方式的。

2. 异步传输与同步传输

数据通信的一个基本要求是接收方必须知道它所接收的每位字符的开始时间和持续时间，这样才能正确地接收发送方发送来的数据。满足上述要求的办法有两类：异步传输和同步传输，如图 1-8 所示。

图 1-8　异步传输与同步传输
(a) 异步传输；(b) 同步传输

（1）异步传输。

异步传输的工作原理：每个字符（8个二进制位）作为一个单元独立传输，字符之间的传输间隔任意。为了标记字符的开始和结尾，在每个字符的开始加1位起始位，结尾加1位、1.5位或2位停止位，从而构成一个个"字符"。

起始位对接收方的时钟起置位作用，接收方的时钟置位后只要在 8~11 位的传送时间内准确，就能正确接收一个字符。最后的停止位告诉接收方该字符传送结束，接收方可以检测后续字符的起始位。当没有字符传送时，将连续传送停止位。

加入校验位的目的是检查传输中的错误，一般使用奇偶校验。异步传输的优点是简单，但起止位和校验位的加入会增加 20% ~ 30% 的开销，所以传输效率不会很高。

（2）同步传输。

同步传输方式与异步传输方式不同，它不是对每一个字符单独进行同步，而是对一组字符组成的数据块进行同步。同步的方法不是加 1 位起始位，而是在数据块前面加特殊模式的位组合或同步（SYN）字符，并且通过位填充或字符填充技术保证数据块中的数据不会与 SYN 字符混淆。

按照这种方式，发送方会在发送数据之前先发送一串 SYN 字符，接收方只要检测到连续两个及以上 SYN 字符就能确认已经进入同步状态，准备接收数据。在随后的传送过程中，双方以同一频率工作，直到传送完指示数据结束的控制字符。这种同步方式仅在数据块的前面加入 SYN 控制字符，效率更高。在短距离高速数据传输中，多采用同步传输方式。

3. 基带传输、频带传输与宽带传输

按照传输信号的形态划分，数据传输方式可以分为基带传输、频带传输和宽带传输 3 种。在计算机网络中，频带传输和宽带传输是指计算机信息的模拟传输，基带传输是指计算机信息的数字传输。

（1）基带传输。

在数据通信中，表示计算机中二进制数据比特序列的数字数据信号是典型的矩形脉冲信号。人们把矩形脉冲信号的固有频带称为基本频带，简称“基带”。这种矩形脉冲信号就叫作基带信号。在数字通信信道上，直接传送基带信号的方法称为基带传输。

在基带传输中，发送端将计算机中的二进制数据（非归零编码）经编码器变换为适合在信道上传输的基带信号，如曼彻斯特编码、差分曼彻斯特编码、4B/5B 编码等；在接收端，由解码器将收到的基带信号恢复成与发送端相同的数据。

基带传输是一种最基本的数据传输方式，一般用于距离较近的数据通信中。在计算机 LAN 中，通常采用这种传输方式。

注意

> 在通信系统中，调制前的电信号称为基带信号，调制后的电信号为调制信号。

（2）频带传输。

基带传输要占据整个线路能提供的频率范围，在同一时刻，一条线路只能传送一路基带信号。为了提高通信线路的利用率，可以用占据小范围带宽的模拟信号作为载波来传送数字信号。人们将这种利用模拟信道传送数字信号的传输方式叫作频带传输。例如，使用调制解调器将数字信号调制在某一载波频率上，这样一个较小的频带宽度就可以供两个数据设备进行通信，线路的其他频率范围还可用于其他数据设备通信。

在频带传输中，线路上传输的是调制后的模拟信号。因此，收发双方都需要配置调制解调设备，用来实现数字信号的调制和解调。

频带传输方式的优点是可以利用现有的大量模拟信道进行通信，线路的利用率高，价格便宜，容易实现，尤其适用于远距离的数字通信；缺点是效率低，误码率高。

（3）宽带传输。

上述频带传输方式有时也称为宽带传输方式。更为精确的说法是，在频带传输中，如果调制出的模拟信号的频率在音频范围（300～3 400 Hz）之内，则称为频带传输；若调制成的模拟信号的频率比音频范围宽，则称为宽带传输。

例如，在公用电话线上通过调制解调器进行的数据通信，可以称为频带传输；在有线电视网中通过线缆调制解调器进行的高速数据通信，则称为宽带传输。

小知识

在利用电话公共交换网络实现计算机之间的通信时，将数字信号变换成音频信号的过程称为调制，将音频信号还原为对应的数字信号的过程称为解调，用于实现这种功能的设备称为调制解调器。

4. 数据传输方向

按数据传输的方向，数据传输方式可以分为单工通信、半双工通信和全双工通信 3 种，如图 1－9 所示。

图 1－9　数据传输方式

（1）单工通信。

在单工通信方式中，信号只能向一个方向传输，任何时候都不能改变信号的传送方向。发送方不能接收，接收方也不能发送。信道的全部带宽都用于由发送方到接收方的数据传送。无线电广播和电视广播都是单工通信的例子。只能向一个方向传送信号的通信信道，只能用于单工通信方式中。

（2）半双工通信。

在半双工通信方式中，信号可以双向传送，但必须交替进行，即同一时刻只能向一个方向传达。在一段时间内，信道的全部带宽用于一个方向上的信息传送，航空和航海无线电台以及对讲机都是以这种方式通信的，使用这种方式的设备要求通信双方都有发送和接收信号的能力，并且有双向传送信息的能力，因而比单工通信设备昂贵，但比全双工通信设备便宜。可以双向传送信号，但必须交替进行的通信信道，只能用于半双工通信方式中。

（3）全双工通信。

在全双工通信方式中，信号可以双向同时传送，例如，现代的电话通信就属于全双工通信。这不但要求通信双方都有发送和接收设备，而且要求信道能提供双向传输的双倍带宽，所以全双工通信设备价格昂贵。只有可以双向同时传送信号的通信信道，才能实现全双工通信，自然也可以用于单工或半双工通信方式中。

5. 多路复用技术

在数据通信或计算机网络系统中，传输介质的传输能力往往是很强的。如果一条物理信道上只能传输一路信号，则是对资源的极大浪费。采用多路复用技术，可以将多路信号组合在一条物理信道上进行传输，到接收端再用专门的设备将各路信号分离，极大地提高了通信线路的利用率。

多路复用技术可以分为频分多路复用（FDM）、时分多路复用（TDM）、波分多路复用（WDM）和码分多路复用（CDM）等多种形式。

（1）FDM。

当传输介质的有效带宽超过被传输的信号带宽时，可以把多个信号调制在不同的载波频率上，从而实现在同一传输介质上同时传送多路信号，即将信道的可用频带（带宽）按频率分割多路信号的方法划分为若干个互不重叠的频段，每路信号占据其中一个频段，从而形成许多个子信道。在接收端用适当的滤波器将多路信号分开，分别进行解调和终端处理，这种技术称为 FDM。

FDM 系统的原理，假设有 6 个输入源，分别输入 6 路信号到多路复用器中，多路复用器将每路信号调制在不同的载波频率上（如 $f1$、$f2$、……、$f6$）。每路信号以其载波频率为中心，占用一定的带宽。此带宽范围称为一个通道，各通道之间通常用保护频带隔离，以保证各路信号的频带不发生重叠。

FDM 技术早已用在无线电广播系统中。有线电视（Cable Television，CATV）系统也使用了 FDM 技术。一个 CATV 电缆的带宽大约是 500 MHz，可传送 80 个频道的电视节目，在每个频道 6 MHz 的带宽中又进一步划分为声音子通道、视频子通道以及彩色子通道。每个频道两边都留有一定的警戒频带，防止相互干扰。

（2）TDM。

TDM 技术是指将传输时间划分为许多个短的互不重叠的时隙，并将若干个时隙组成时分复用帧，用每个时分复用帧中某一固定序号的时隙组成一个子信道，每个子信道占用的带宽相同，每个时分复用帧占用的时间也是相同的。也就是说，在同步 TDM 中，各路时隙的分配是预先确定的，且各信号源的传输定时是同步的。对于 TDM，时隙长度越短，每个时分复用帧中包含的时隙数就越多，所容纳的用户数也就越多。

TDM 技术可以用在宽带系统中，也可以用在频分制下的某个子通道上。时分制按照子通道动态利用情况又可再分为两种：同步时分制和统计时分制。在同步时分制下，整个传输时间划分为固定大小的周期，每个周期内各子通道都在固定位置占有一个时槽。这样，在接收端可以按约定的时间关系恢复各子通道的信息流。当某个子通道的时槽来到时，如果没有信息要传送，则这一部分带宽会被浪费。统计时分制是对同步时分制的改进，人们把统计时分制下的多路复用器称为集中器，以强调它的工作特点。在发送端，集中器依次循环扫描各个子通道，若某个子通道有信息要发送，则为它分配一个时槽；若没有则跳过，这样就没有空槽在线路上传播了。此外，还需要在每个时槽中加入一个控制域，以便接收端可以确定该时槽属于哪个子通道。

（3）WDM。

WDM 技术是频率分割技术在光缆介质中的应用，它主要用于全光缆网组成的通信系统中。WDM 技术是指在一根光缆上能同时传送多个不同波长的光载波的复用技术。使用 WDM 技术可使原来在一根光缆上只能传输一个光载波的单一光信道，变为可传输多个不同波长的光载波的光信道，使光缆的传输能力成倍提高，也可以利用不同波长的光载波沿不同方向传播来实现单根光缆的双向传输。WDM 技术将是今后计算机网络系统的主干信道采用的主要多路复用技术之一。WDM 技术实质上是利用了光具有不同波长的特征。WDM 技术的原理类似于 FDM 技术，不同的是，它利用波分复用设备将不同信道的信号调制成不同波长的光，并复用到光缆信道上。在接收端，采用波分设备分离不同波长的光。WDM 技术的发送端和接收端的器件分别称为合波器和分波器。

（4）CDM。

前面介绍的 FDM（或 WDM）技术是以频段的不同来区分地址的，其特点是独占频段而共享时间。而 TDM 技术会共享频段而独占时间，相当于在同一频段内的不同相位上发送和接收信息，但频率资源共享。CDM 技术是一种用于移动通信系统中的新技术，笔记本电脑和掌上电脑等移动性计算机的联网通信将大量使用 CDM 技术。

CDM 技术的基础是微波扩频通信，扩频通信的特征是使用比发送的数据速率快许多的伪随机码对载荷数据的基带信号的频谱进行扩展，形成低功率频谱密度的宽带信号来发射。

CDM 技术是利用扩频通信中不同码型的扩频码之间的相关性，为每个用户分配一个扩频编码，以区分不同的用户信号。发送端可用不同的扩频编码，分别向不同的接收端发送数据；同样，接收端用不同的扩频编码进行解码，即可得到不同发送端发送过来的数据，实现多址通信。CDM 技术的特点是频率和时间资源均为共享。因此，在频率和时间资源紧缺的情况下，CDM 技术将特别有用，这也是 CDM 技术受到人们普遍关注的原因。

1.2 实训任务

1.2.1 双绞线制作

1. 任务目标

掌握双绞线的制作标准、制作步骤和制作技术，学会剥线钳、压线钳等工具的使用方法。

2. 任务准备

（1）5类双绞线若干米。

（2）RJ-45水晶头若干个。

（3）网线钳一把。

（4）剥线钳一把（可用网线钳代替）。

（5）网线测试仪一台。

3. 任务实施

双绞线分为直通线和交叉线，在本任务中分别进行制作。双绞线制作过程主要分为六步："剥""理""切""插""压""测"。

步骤1：准备好5类双绞线、RJ-45水晶头、网线钳和网线测试仪等制作双绞线所需工具，如图1-10所示。

（a）　　　　　　（b）

（c）　　　　　　（d）

图1-10　制作双绞线所需工具

（a）5类双绞线；（b）RJ-45水晶头；（c）网线钳；（d）网线测试仪

步骤2：剥线。用网线钳将双绞线一端的外皮剥去2~3 cm，如图1-11所示。

步骤3：理线。将双绞线的4组线对反向缠绕开，按T568B线序进行排列，如图1-12所示。

图1-11　剥线

图1-12　理线

步骤4：切线。将芯线放到压线钳切刀处，8根线芯要在同一平面上并拢，而且应尽量直，留下一定的线芯长度，在约1.5 cm处剪齐，如图1-13所示。

步骤5：插线。将双绞线插入RJ-45水晶头中，插入过程中注意力度直到插到尽头，确认8根线芯已经全部充分、整齐地排列在水晶头中，如图1-14所示。

图1-13　切线

图1-14　插线

步骤6：压线。将RJ-45水晶头从一侧推入压线槽中，用网线钳用力压紧水晶头，抽出即可，如图1-15所示。

步骤7：按照上述方法制作双绞线的另一端。

步骤8：测试。将制作好的双绞线两端的水晶头分别插入网线测试仪的相应端口，打开开关，网线测试仪两端的绿色指示灯从1到8依次闪亮，表示测试通过，如图1-16所示。

图1-15　压线

图1-16　测试

4. 注意事项

（1）剥线时注意剥线器刀片高度，不要割到内部线缆包皮。

（2）剥线时注意剥皮长度（2～3 cm），以便在进行插线操作时能够把外层的线皮插入水晶头内，否则容易松动。

（3）严格按照线序标准排序，否则双绞线可能不通。

（4）切线要整齐，插线时保证每一根线头都紧紧的顶到水晶头的末端，然后用网线钳压紧，否则双绞线可能不通。

1.2.2 搭建网络拓扑图

1. 任务目标

掌握利用华为 eNSP 网络设备仿真平台搭建网络拓扑图的操作方法。

2. 任务准备

（1）安装华为 eNSP 网络设备仿真平台；

（2）路由器 Router 四台；

（3）三层交换机 S5700 三台、二层交换机 S3700 四台；

（4）接入控制 AC 6605 一台；无线访问接入点 AP 4030 一台；

（5）个人计算机 PC 六台；服务器 Server 两台；站点 STA 一台；

（6）云 Cloud 设备一台，模拟 Internet；

（7）以太网 Copper 线若干根。

3. 任务实施

网络拓扑图如图 1-17 所示。

图 1-17 网络拓扑图

（1）启动华为 eNSP 网络设备仿真平台。

（2）从平台左边选择合适的设备类型及型号，用鼠标将其拖动到右边画布的恰当位置。

（3）从平台左边选择合适的连线类型，将设备连接起来。

（4）利用调色板工具划分局域网和广域网区域。

（5）利用文本工具在画面恰当位置标识 LAN1、LAN2 和 WAN。

（6）保存文件，将其命名为"网络拓扑示意图"。

1.3 拓展阅读

中国接入互联网的历程

1987年9月20日，钱天白教授发出我国第一封电子邮件"越过长城，通向世界"，揭开了中国人使用互联网的序幕。

1994年4月20日，中关村地区教育与科研示范网络（NCFC）通过美国Sprint公司接入国际互联网的64K国际专线开通，这标志着我国正式全功能接入国际互联网。这一年被称为中国开启互联网时代的元年。中国成为第77个真正拥有全功能互联网的国家。1995年，邮电部电信总局也通过美国Sprint公司在北京和上海设立了接入美国网络的64K专线，通过电话网、DDN专线以及X.25网等方式向社会公众提供互联网接入服务，开启了面向大众提供商用互联网服务的时代。

2013年，以移动社交平台为代表的微应用迅速发展，标志着中国已全面进入移动互联网"微"时代；12月，工信部向三大运营商发放4G牌照，中国大陆正式进入4G时代。2019年6月6日，工信部正式向中国电信、中国移动、中国联通、中国广电发放5G商用牌照，中国正式进入5G商用元年。

时至今日，我国高速光纤网络建设加速推进，国际互联网及国内骨干网络大幅扩容，宽带和5G网络基础设施达到国际先进水平，基于IPv6的下一代互联网大力发展，互联网的承载能力和服务水平显著提升。

1.4 巩固练习

一、填空题

1. ISO于1984年正式颁布了＿＿＿＿＿＿＿＿，使计算机网络体系结构实现了标准化。

2. 按网络覆盖范围划分，计算机网络可分为＿＿＿＿＿、＿＿＿＿＿和＿＿＿＿＿。

3. 从逻辑上划分，计算机网络分为＿＿＿＿＿子网和＿＿＿＿＿子网。

4. 常见的有线传输介质有＿＿＿＿＿、＿＿＿＿＿和＿＿＿＿＿。双绞线的制作方法有＿＿＿＿＿和＿＿＿＿＿。其中前者用于同类设备相连，后者用于不同类设备相连。

5. 数据通信的基本概念包括＿＿＿＿＿、＿＿＿＿＿和＿＿＿＿＿。根据信道中某一时刻信息传输的方向，可以分为＿＿＿＿＿、＿＿＿＿＿和＿＿＿＿＿3种通信方式。

二、选择题

1. 世界上真正意义上最早的计算机网络是（　　　），它也是现代互联网的雏形。

A. ChinaNet　　　　B. CSTNET　　　　C. Telnet　　　　D. ARPANET

2. 计算机网络是计算机技术与（　　　）技术结合的产物。

A. 网络　　　　B. 通信　　　　C. 传输　　　　D. 共享

3. 计算机网络中可共享的资源包括（　　　）。

A. 硬件、软件、数据　　　　　　　B. 主机、外设、软件

C. 硬件、程序、数据　　　　　　　D. 主机、程序、数据

4. 一个大型 ICP 在世界多个地方放置相同内容的 WWW 服务器，通过一定技术使不同地域的用户可以较快地访问离他最近的服务器，这体现了网络的（　　）。

A. 资源共享功能　　　　　　　　　B. 负载均衡功能

C. 分布式处理　　　　　　　　　　D. 集中处理

5. 把一个较大的任务分散到网络中不同计算机上并行处理，这种做法应用的网络功能是（　　）。

A. 数据信息的快速传递　　　　　　B. 负载均衡

C. 分布式处理　　　　　　　　　　D. 集中管理

6. 下列不属于服务器操作系统的是（　　）。

A. Windows Sever 2012　　　　　　B. UNIX

C. Linux　　　　　　　　　　　　　D. Windows 10

7. 从逻辑功能上看，负责提供访问网络和处理数据能力的网络组成部分是（　　）。

A. 访问节点　　　　B. 资源子网　　　　C. 通信子网　　　　D. 转接节点

8. 双绞线的两根绝缘铜导线互相绞合在一起的目的是（　　）。

A. 防止信号衰减　　　　　　　　　B. 降低信号干扰程度

C. 增加数据安全性　　　　　　　　D. 没有作用

9. 数据通信的信道包括（　　）。

A. 模拟信道　　　　　　　　　　　B. 数字信道

C. 模拟信道和数字信道　　　　　　D. 同步信道和异步信道

10. 全双工通信是指（　　）。

A. 通信双方可同时进行收、发信息的工作方式

B. 通信双方都能收、发信息，但不能同时进行收、发信息的工作方式

C. 信息只能单方向发送的工作方式

D. 通信双方不能同时进行收、发信息的工作方式

三、简答题

1. 简述计算机网络的定义、功能及组成。

2. 计算机网络的传输介质有哪些？

3. 制作双绞线时有哪两种线序标准？各自的线序是如何排列的？

四、实训练习

1. 练习目的

（1）掌握直通双绞线的制作方法。

（2）掌握交叉双绞线的制作方法。

2. 练习环境

某企业在构建网络的过程中，已将计算机、以太网交换机、双绞线、水晶头等硬件设备购置齐全，现需要制作直通双绞线实现计算机与交换机的连接，制作交叉双绞线实现以太网

交换机的级联。

3. 练习网络拓扑图（图 1-18）

图 1-18　网络拓扑图

4. 练习要求

（1）制作直通双绞线并测试。

（2）制作交叉双绞线并测试。

（3）用制作好的双绞线连接设备并进行全网连通性测试。

项目 2

网络地址规划

【项目导入】

互联网是世界上最大的广域网，我们在网络上聊天、购物、娱乐，上传或下载文件。然而这些连接在网络上计算机是如何找到对方的呢？它们应该具有各自的地址标识，就像我们通信时需要知道彼此的地址、邮编和联系方式一样，那么网络中计算机的地址是如何标识的？本项目将带领大家学习一下相关知识。

【职业能力目标】

知识目标

➢ 掌握 OSI/RM 网络体系结构的相关知识
➢ 掌握 TCP/IP 体系结构的相关知识
➢ 掌握 IP 地址的相关知识
➢ 掌握子网划分的方法
➢ 掌握 IPv6 的相关知识
➢ 了解 IPv4 与 IPv6 数据报的组成

技能目标

➢ 能够完成利用子网掩码进行子网划分的操作
➢ 能够完成计算机网络配置的操作
➢ 能够完成网络连通性测试的操作

素质目标

➢ 培养学生统筹规划、合理布局的职业能力

2.1 知识要点

2.1.1 计算机网络的体系结构

1. 协议的要素

通过通信信道和设备互联起来的多个不同地址位置的计算机系统，要使其能协同工作以

实现信息交换和资源共享，它们之间必须有共同的语言。交流什么、如何交流及何时交流，这都需要遵循一种彼此都能接受的规则。为计算机网络中进行数据交换而建立的规则、标准或约定的集合我们称之为网络协议。网络协议主要由以下三个要素组成：

（1）语义（Semantics）。语义解释控制信息每个部分的意义。它规定了需要发出何种控制信息，以及完成的动作与做出什么样的响应。

（2）语法（Syntax）。语法是用户数据与控制信息的结构与格式以及数据出现的顺序。

（3）时序（Timing）。时序是对事件发生顺序的详细说明（也可称为同步）。

为了便于理解，我们可以把这三个要素描述为：语义表示要做什么，语法表示要怎么做，时序表示做的顺序。

2．分层体系结构

计算机网络系统是一个十分复杂的系统。将一个复杂系统分散为若干个容易处理的子系统，然后"分而治之"，逐个加以解决。这种结构化设计方法是工程设计中常用的手段，分层是系统分解的较好方法之一。系统经过分层后，每一层次的功能相对简单且易于实现和维护。

计算机网络各层次结构模型及其协议的集合，称为网络的体系结构。体系结构是一个抽象的概念，它精确定义了网络及其部件所应实现的功能，但这些功能究竟用何种硬件或软件方法来实现则是一个具体实施的问题。也就是说，网络体系结构相当于网络的类型，而具体的网络结构相当于网络的实例。

3．网络系统分层的优点

（1）各层之间是独立的。某一层并不需要知道它下一层是如何实现的，而仅需要知道该层通过层间的接口所提供的服务。由于每一层只实现一种相对独立的功能，因此，可以将一个难以处理的复杂问题分解为若干个较容易处理的更小问题，这样整个问题的复杂度就降低了。

（2）灵活性好。当任何一层发生变化时，只要层间接口关系保持不变，则在这层以上或以下各层均不受影响。此外，对某一层提供的服务还可以进行修改。当某层提供的服务不再被需要时，甚至可以将其取消。

（3）结构可以分割开。各层都可以采用最合适的技术来实现。

（4）易于实现和维护。这种分层结构使得实现和调试一个庞大而又复杂的系统变得易于处理，因为整个系统已被分解为若干个相对独立的子系统。

（5）能促进标准化工作。因为每一层的功能及其所提供的服务都已有了精确的说明，所以能促进标准化工作。

分层时应注意使每一层的功能非常明确，层数要恰当。若层次太少，会使每一层的协议太复杂；而层次太多，又会在描述和综述各层功能的系统工程任务时遇到较多的困难。

世界上第一个网络体系结构是 IBM 公司于 1974 年提出的，即系统网络体系结构（SNA）。在此之后，许多公司纷纷提出了各自的网络体系结构。这些体系结构的共同之处是它们都采用了分层技术，但分层的划分、功能的分配与采用的技术术语均不尽相同。随着信息技术的发展，各种计算机系统联网和各种计算机网络的互联成为人们迫切需要解决的问题。开放系统互连参考模型（OSI/RM）就是在这样一个背景下提出和研究的。

2.1.2　OSI/RM 网络体系结构

开放系统互连参考模型（OSI/RM）是由 ISO 制定的标准化开放式计算机网络层次结构模型，目的是为异种计算机互连提供一个共同的基础和标准框架，并为保持相关标准的一致性和兼容性提供共同的参考。这里所说的开放系统，实质上指的是遵循 OSI 参考模型和相关协议能够实现互连的具有各种应用目的的计算机系统。

OSI/RM 采用分层描述的方法，将网络划分为七层。OSI/RM 七层模型从下到上分别为物理层（PH）、数据链路层（DL）、网络层（N）、传输层（T）、会话层（S）、表示层（P）和应用层（A），如图 2-1 所示。

图 2-1　OSI/RM 七层模型

1. 物理层

物理层是 OSI 参考模型的最低层，它利用传输介质为数据链路层提供物理连接。物理层与传输介质直接相连，是计算机与网络连接的物理通道，其功能是控制计算机与传输介质的连接，即可以建立、保持和断开这种连接，以保证比特流的透明传输。物理层传送数据的基本单位是比特流。

2. 数据链路层

数据链路层是为网络层提供服务的，解决两个相邻结点之间的通信问题。数据链路层传送的协议数据单元称为数据帧。数据帧中包含物理地址（又称 MAC 地址）、控制码、数据及校验码等信息。该层的主要作用是通过校验、确认和反馈重发等手段，将不可靠的物理链路转换成对网络层来说无差错的数据链路。

此外，数据链路层还要协调收发双方的数据传输速率，即进行流量控制，以防止接收方因来不及处理发送方发来的高速数据而导致缓冲器溢出及线路阻塞。

3. 网络层

网络层是为传输层提供服务的，传送的协议数据单元称为数据包或分组。该层的主要作用是解决如何使数据包通过各结点传送的问题，即通过路径选择算法（路由）将数据包送到目的地。另外，为避免通信子网中出现过多的数据包而造成网络阻塞，需要对流入的数据包数量进行控制（拥塞控制）。当数据包要跨越多个通信子网才能到达目的地时，还要解决网际互连的问题。

4. 传输层

传输层的作用是为上层协议提供端到端的可靠和透明的数据传输服务，包括处理差错控制和流量控制等问题。该层向高层屏蔽了下层数据通信的细节，使高层用户看到的只是在两个传输实体间的一条主机到主机的、可由用户控制和设定的、可靠的数据通路。传输层传送的协议数据单元称为段或报文。

5. 会话层

会话层主要功能是管理和协调不同主机上各种进程之间的通信（对话），即负责建立、管理和终止应用程序之间的会话。会话层得名的原因是它类似于两个实体间的会话概念。例如，一个交互的用户会话以登录到计算机开始，以注销结束。

6. 表示层

表示层处理流经节点的数据编码的表示方式问题，以保证一个系统应用层发出的信息可被另一系统的应用层读出。如果有必要，该层可提供一种标准表示形式，用于将计算机内部的多种数据表示格式转换成网络通信中采用的标准表示形式。数据压缩和加密也是表示层可提供的转换功能之一。

7. 应用层

应用层是 OSI 参考模型的最高层，是用户与网络的接口。该层通过应用程序来完成网络用户的应用需求，如文件传输、收发电子邮件等。

2.1.3　TCP/IP 体系结构

TCP/IP 即传输控制协议/网际协议，是计算机网络中最成熟、应用最广泛的网络互联技术。TCP/IP 于 20 世纪 60 年代后期产生，先于 OSI/RM，因此，不完全符合 OSI/RM 标准。OSI/RM 概念清晰，但结构复杂，实现起来比较困难，特别适合用来解释其他的网络体系结构；而 TCP/IP 协议简单、实用，因此得到广泛的应用，现已成为事实上的工业标准。

TCP/IP 解决了异构网络系统的通信问题，向高层隐藏底层物理网络技术的细节，为用户提供了统一的通信服务。TCP/IP 是一个协议集，TCP 和 IP 只是其中的两个协议，也是最基本、最重要的两个协议，因此通常用 TCP/IP 来代表整个 TCP/IP 网络体系。

TCP/IP 与 OSI/RM 一样，也采用分层体系结构，但与 OSI/RM 不同的是它分为四层，分别是网络接口层、网际层、传输层和应用层，且每层都有不同的通信功能。OSI/RM 参考模型与 TCP/CP 协议集的对应关系如见表 2-1。

表 2 - 1　OSI/RM 参考模型与 TCP/IP 协议集的对应关系

OSI/RM		TCP/IP 协议集	
应用层		应用层	HTTP、DNS、FTP、SMTP、Telnet 及其他应用协议
表示层	✎		
会话层			
传输层	✎	传输层	TCP、UDP
网络层	✎	网际层	IP、ARP、RARP、ICMP
数据链路层	✎	网络接口层	各种通信网络接口（物理网络）
物理层			

1. 网络接口层

网络接口层与 OSI/RM 中的物理层和数据链路层相对应。网络接口层是 TCP/IP 与各种 LAN 或 WAN 的接口。

网络接口层在发送端将上层的 IP 数据报封装成帧后发送到网络上，数据帧通过网络到达接收端时，该节点的网络接口层对数据帧拆封，并检查数据帧中包含的 MAC 地址。如果该地址就是本机的 MAC 地址或者是广播地址，则将其上传到网际层，否则丢弃该帧。

2. 网际层

网际层与 OSI/RM 中的网络层相对应。该层负责管理不同设备之间的数据交换。网际层包含以下几个主要协议：

（1）网际协议（IP）：发送方与接收方使用 IP 地址来唯一地识别发送端和接收端。IP 规定了计算机在互联网上通信时所必须遵守的一些基本规则，以确保路由的正确选择和报文的正确传输。

（2）网际控制报文协议（ICMP）：处理路由，协助 IP 协议实现报文传送的控制机制，提供错误和信息报告。

（3）地址解析协议（ARP）：将网际层地址转换成链路层地址。

（4）逆向地址解析协议（RARP）：将链路层地址转化为网际层地址。

3. 传输层

传输层与 OSI/RM 七层模型的传输层的功能相对应，该层的功能是确保所有传输到某个系统的数据正确无误地到达该系统。该层的主要协议如下：

（1）传输控制协议（TCP）：该协议提供面向连接的可靠数据传输服务。它通过提供校验位，为每个字节分配序列号，提供确认与重传服务，确保数据可靠传输。

（2）用户数据报协议（UDP）：该协议采用无连接的数据报传输方式，提供不可靠的数据传输。UDP 与 TCP 相比更加简单，数据传输速率也比较高。UDP 一般用于一次传输少量信息的情况，如数据查询等。

4. 应用层

应用层作为 TCP/IP 模型的最高层，与 OSI/RM 的上三层对应，为各种应用程序提供了使用的协议。标准的应用层协议主要有以下几种：

（1）超文本传输协议（HTTP）：用来访问在 WWW 服务器上的各种 Web 页面（用HTML），即超文本标记语言编写的页面。

（2）文件传输协议（FTP）：为文件的传输提供了途径，允许主机从 FTP 服务器上下载文件，也可以向 FTP 服务器上传文件。

（3）远程登录协议（Telnet）：实现互联网中的工作站登录到远程服务器的能力。

（4）简单邮件传输协议（SMTP）：实现互联网中电子邮件的传送功能。

（5）域名服务（DNS）：用于实现域名到 IP 地址的相互转换。

（6）简单网络管理协议（SNMP）：实现网络设备彼此之间交换管理信息，使网络管理员能够管理网络的性能、定位和解决网络故障。

TCP/IP 协议的特点可以归纳如下：

（1）开放的协议标准，独立于特定的计算机硬件和操作系统。

（2）统一的网络地址分配方案，采用与硬件无关的软件编址方法，可使网络中的所有设备都具有唯一的 IP 地址。

（3）独立于特定的网络硬件可以在局域网、广域网中运行。

（4）标准化的高层协议，可以提供多种可靠的用户服务。

5. TCP/IP 通信模型

图 2 - 2 所示为 TCP/IP 的通信模型，该模型尽管是由分析主机 A 和主机 B 通信而来的，但该模型也适合于网络中其他主机之间的通信描述。主机 A 的物理网络是以太网，数据链路层使用的是以太网网卡和以太网驱动程序。路由器是一个具有多个接口的网络互连设备，它的功能是把分组从一个网络转发到另一个网络。在 TCP/IP 中，网络互联是通过网际层来实现的，因此，路由器通常只处理与互联网数据传输有关的低两层协议。在该模型中，主机A 和主机 B 组成了端到端（End to End）的系统。

图 2 - 2 TCP/IP 的通信模型

6. 数据的封装与传递过程

在本节所举的例子中，当主机 A 的 FTP 客户程序向主机 B 的 FTP 服务器程序提出服务请求时，可以把由用户输入的 FTP 命令和参数看成是由主机 A 传到主机 B 的"数据包"。当应用程序用 TCP 传送数据时，数据被送入协议栈中，然后逐个通过每一层直到被当作一串比特流送入物理网络中，其中每一层对从它的上层收到的数据都要增加一些头部信息（有时还要增加尾部信息），这种增加数据头部（和尾部）的过程称为数据封装。

数据送到接收方对等层后，接收方将识别、提取和处理发送方对等层所加的数据头，这个过程称为数据的解封装或拆包，TCP/IP 数据的封装与解封装的过程如图 2 – 3 所示。

图 2 – 3　TCP/IP 数据的封装与解封装的过程

2.1.4　IP 地址的概念

Internet 是世界上最大的广域网，要在这个庞大的网络中进行数据通信，要求每台计算机和通信设备有一个唯一的地址来进行标识。通过这个地址我们可知道数据的发送方和接收方，在互联网上为每台计算机或通信设备指定的这种地址称为 IP 地址。IP 地址有 IPv4 和 IPv6 两个版本，目前常用的是 IPv4 版本，但在不久的将来，它终会被 IPv6 取代。以下讲解内容中所涉及的 IP 地址均指 IPv4。

IP 地址具有固定和规范的格式，它由 32 位二进制组成，每 8 位二进制位组成一段，分为 4 段，段与段之间用"."隔开，这种表示方法称为点分十进制法。为了便于识别和表达，通常用我们最熟悉的十进制来表示 IP 地址，IP 地址中每段数据的十进制表示范围为 0 ~ 255。

例如，常用的 IP 地址"192.168.1.10"对应的二进制数的地址表达为：11000000.10101000.00000001.00001010。

IP 地址由网络地址和主机地址两部分组成，其中网络地址用来标识一个物理网络，主机地址用来标识这个网络中的一台主机。网络地址的位数决定了可以分配的网络数，主机地址的位数决定了网络中最大的主机数。IP 地址的层次结构决定了在进行寻址时需要分两步进行。先按 IP 地址中的网络地址找到物理网络，再按主机地址找到具体的主机。

2.1.5　IP 地址的分类

1. IP 地址分类

由于整个互联网所包含的网络规模可能很大，也可能比较小，因此设计者选择了一种灵活的方案，将 IP 地址空间划分成不同的类别，每一类具有不同的网络地址位数和主机地址位数。

IP 地址分为 A 类到 E 类共五类，常用的是 A 类、B 类和 C 类。为了区分 A、B、C 三类地址，其最高位分别设置为 0、10、110，称为类别标识位，IP 地址分类如图 2-4 所示。

图 2-4　IP 地址分类

A 类 IP 地址用前 8 位来标识网络地址，24 位标识主机地址，最前面一位为 0。A 类 IP 地址所能表示的网络数范围为 0~127。由于网络地址全为 0 和全为 1 的地址用作特殊用途，所以 A 类 IP 地址范围为 1.0.0.0 ~ 126.255.255.255。每个网络所能容纳的主机数为 16777214（$2^{24}-2$）台。A 类 IP 地址通常用于大型网络。

B 类 IP 地址用 16 位来标识网络地址，16 位标识主机地址，最前面两位为 10。网络地址和主机地址的数量大致相当，分别用两个 8 位来表示。B 类 IP 地址的范围为 128.0.0.0 ~ 191.255.255.255，每个网络所能容纳的主机数为 65534（$2^{16}-2$）台。B 类 IP 地址适用于中等规模的网络，如各地区的网络管理中心。

C 类 IP 地址用 24 位来标识网络地址，8 位标识主机地址，最前面三位为 110。网络地址的数量要远大于主机地址。C 类 IP 地址的范围为 192.0.0.0 ~ 223.255.255.255，每个网络所能容纳的主机数为 254（$2^{8}-2$）台。C 类 IP 地址一般适用于校园网等小型网络。

D 类地址是组播地址，不用于标识网络，不能出现在 IP 报文的源 IP 地址字段中。例如，224.0.0.5 就是一个 D 类的组播地址，它表示所有运行开放式最短路径优先（OSPF）路由协议的路由器。D 类 IP 地址的范围为 224.0.0.0 ~ 239.255.255.255。

E 类 IP 地址暂时保留，以备将来使用。E 类 IP 地址的范围为 240.0.0.0 ~

247. 255. 255. 255。

IP 地址的网络地址是由国际互联网信息中心（Network Information Center，NIC）负责统一分配。目前全世界共有 3 个 NIC，分别为 InterNIC（负责美国及其他地区）；ENIC（负责欧洲地区）；APNIC（Asia – Pacific Network Center）（负责亚太地区）。我国申请 IP 地址要通过 APNIC，其总部设在日本东京大学。

中国互联网信息中心（CNNIC）是 APNIC 认定的中国大陆地区唯一的国家互联网注册机构（NIR）。其于 1997 年成立了以 CNNIC 为召集单位的 CNNIC IP 地址分配联盟，帮助中国大陆的相关单位和组织从亚太互联网注册机构（APNIC）申请 IP 地址和 AS 号码互联网资源。中国的 ISP/IDC/ICP/企事业单位获得 IP 地址和 AS 号码最有效的方法是申请加入 CNNIC IP 地址分配联盟，向 CNNIC 申请 IP 地址和 AS 号码资源。

2. 特殊 IP 地址

在所有 IP 地址中，有一些 IP 地址被赋予了特殊的作用，这类 IP 地址不能分配给某一台具体的主机或设备，见表 2 – 2。

表 2 – 2　特殊 IP 地址

网络地址	主机地址	代表含义
Net – id	全 0	指网络本身
Net – id	全 1	本网络的广播地址
255. 255. 255. 255		本地网络广播地址
0. 0. 0. 0		本网主机
127	Host – id	测试地址

3. 私网地址

私网地址不需要注册，只用于局域网内部。该地址在局域网内部也必须是唯一的。当网络上的公用地址不够用时，可以利用网络地址转换实现利用少量公网地址把大量配有私有地址的主机连接到公网上的效果。IP 地址分为 5 类，其中 A，B，C 三类中各保留了部分区域作为私网地址，分别如下：

A 类地址：10. 0. 0. 0 ~ 10. 255. 255. 255。

B 类地址：172. 16. 0. 0 ~ 172. 31. 255. 255。

C 类地址：192. 168. 0. 0 ~ 192. 168. 255. 255。

私网地址不能在公网上出现，只能用在内部网络中。公网中所有的路由器都不能发送目标地址为私网地址的数据报。

2.1.6　子网掩码与子网划分

1. 子网掩码概述

子网掩码与 IP 地址一样，也是用 32 位二进制来表示。其作用是声明指

子网掩码与子网划分

定的 IP 地址中哪些位属于网络地址，哪些位属于主机地址。IP 地址与子网掩码必须成对出现，缺一不可。

通过前面的学习可知 IP 地址是由网络地址和主机地址组成的。那么网络当中的设备如何知道一个 IP 地址当中哪些位属于网络地址，哪些位属于主机地址呢？子网掩码就是来解决这个问题的。整个子网掩码由两部分组成，从左到右一部分全为 1，另外一部分全为 0。子网掩码中 1 的位数取决于 IP 地址中网络地址的位数，而 0 的位数则取决于 IP 地址中主机地址的位数，即子网掩码中为 1 的部分对应的 IP 地址位为网络地址位，为 0 的部分对应的 IP 地址位为主机地址位。由此可推出 A 类地址的子网掩码为 255.0.0.0，B 类地址的子网掩码为 255.255.0.0，C 类地址的子网掩码为 255.255.255.0。这些子网掩码我们称为 A、B、C 3 类 IP 地址的默认子网掩码，见表 2-3。在描述某主机的 IP 地址时，需要同时给出该主机对应的子网掩码。例如，IP 地址为 192.168.1.8 的子网掩码为 255.255.255.0，也可以写作 192.168.1.8/24，表示该 IP 地址当中有 24 位表示网络地址。默认子网掩码见表 2-7。

表 2-3　默认子网掩码

类别	子网掩码的二进制数	子网掩码的十进制数
A	11111111.00000000.00000000.00000000	255.0.0.0
B	11111111.11111111.00000000.00000000	255.255.0.0
C	11111111.11111111.11111111.00000000	255.255.255.0

2. 利用子网掩码判定 IP 地址中的网络地址和主机地址

将 32 位的子网掩码与 IP 地址分别转化为二进制，进行逻辑与运算，得到的结果就是网络地址；将子网掩码取反后，再与 IP 地址进行二进制的逻辑与运算，得到的结果就是主机地址。

例如，某主机的 IP 地址为 192.168.1.18，子网掩码为 255.255.255.0，则该 IP 地址对应的二进制数为：11000000 10101000 00000001 00010010，子网掩码对应的二进制数为：11111111 11111111 11111111 00000000。进行逻辑与运算后，结果为：11000000 10101000 00000001 00000000。即该 IP 地址所属网络的网络地址为 192.168.1.0。子网掩码取反的二进制数为：00000000 00000000 00000000 11111111，进行逻辑与运算后，结果为：00000000 00000000 00000000 00010010，即该 IP 地址所属网络的主机地址为 18。

TCP/IP 协议利用子网掩码来判断 IP 地址中的网络地址位和主机地址位，进而判断两个 IP 地址是否属于同一网络。

3. 利用子网掩码划分子网

根据前面所学的知识，我们很容易发现 A 类地址中每个网络可以容纳 16777212（$2^{24}-2$）台主机，B 类地址中每个网络可以容纳 65534（$2^{16}-2$）台主机，C 类地址中每个网络可以容纳 254（2^8-2）台主机。在我们实际网络规划设计时，基本不可能出现 A 类或 B 类那么多台主机，此时就需要对网络进行子网划分。子网掩码机制提供了子网划分的方法，子网划分的主要作用包括以下几个方面：

（1）节省 IP 地址。由于网络规模的限制，初始 IP 地址分类中的大部分 IP 地址被闲置，得不到充分利用。子网划分后每个网络中包括的主机地址数减少了，能够更好地匹配实际应用中的网络规模，从而使 IP 地址得到充分地利用。

（2）便于网络管理。将某一网络划分为几个子网后，可对本子网中的主机进行单独管理，容易控制。

（3）减少网络上的数据通信量。将某一网络划分为几个子网后，大部分数据通信在子网内部进行，从而减少了网络上的数据通信量。

（4）解决物理网络本身的硬件问题，如网络覆盖范围超过以太网段传输介质最大长度的问题。

划分子网，就是在 IP 地址中增加表示网络地址的位数，减少表示主机地址的位数。划分子网后，IP 地址原有的两级结构转变为三级结构（网络标识位＋子网标识位＋主机标识位）。

下面举例说明如何进行子网划分。

例如，某企业下设人力资源部、财务部、市场部、销售部、技术部和后勤部 6 个部门，从 ISP 申请到一个 C 类 IP 地址 192.168.1.0。为方便网络管理，增加网络安全性，充分利用申请到的 IP 地址，需要进行子网划分。

第一步：根据需要划分的子网数，确定子网标识位的位数。

该企业下设 6 个部门，因此需要划分 6 个子网。设子网标识位的位数为 N，则有 $2^N - 2 >= 6$，取使该不等式成立的最小的整数值，很容易算得 N ＝ 3，即子网标识位为 3 位。

第二步：根据申请到的 IP 地址类型，写出子网掩码的值。

由于申请到的 IP 地址是 192.168.1.0，为 C 类地址，其默认的子网掩码为：255.255.255.0，对应的二进制为：11111111.11111111.11111111.00000000。根据上一步算得的结果，子网标识位的位数为 3 位。根据子网掩码的定义，该网络的子网掩码变为：11111111.11111111.11111111.11100000，对应的十进制为 255.255.255.224。

第三步：根据子网标识位的位数，算得每个子网中的主机地址数。

对于 C 类地址来说，子网标识位的位数为 3 位时，其主机地址位的位数为 5 位，因此，子网划分后每个子网中的可用主机地址数为 $2^5 - 2 = 30$。

对子网进行划分后，6 个子网的地址范围见表 2－4。

表 2－4　6 个子网的地址范围

子网号	子网地址（十进制）	可用主机地址范围	子网广播地址
1	192.168.1.32	192.168.1.33 – 192.168.1.62	192.168.1.63
2	192.168.1.64	192.168.1.65 – 192.168.1.94	192.168.1.95
3	192.168.1.96	192.168.1.97 – 192.168.1.126	192.168.1.127
4	192.168.1.128	192.168.1.129 – 192.168.1.158	192.168.1.159
5	192.168.1.160	192.168.1.161 – 192.168.1.190	192.168.1.191
6	192.168.1.192	192.168.1.193 – 192.168.1.222	192.168.1.223

第四步：子网划分完毕后，将子网分配给企业各部门。各部门根据分配的子网中可用 IP 地址范围对部门内的主机进行 IP 地址及子网掩码等网络信息的设置。

下面以 C 类网络为例说明子网划分的情况，见表 2 – 5。

表 2 – 5　C 类网络子网划分情况

子网标识位的位数	子网掩码	可用子网数	子网中容纳的可用主机数
0	255. 255. 255. 0	0	254
1	255. 255. 255. 128	0	126
2	255. 255. 255. 192	2	62
3	255. 255. 255. 224	6	30
4	255. 255. 255. 240	14	14
5	255. 255. 255. 248	30	6
6	255. 255. 255. 252	62	2
7	255. 255. 255. 254	126	0
8	255. 255. 255. 255	254	0

2.1.7　IPv6 技术

1. IPv4 与 IPv6

目前互联网中广泛应用的 IP 协议版本是 4，又称 IPv4。IPv4 是 20 世纪 70 年代制定的协议，在 Internet 的发展过程中起到了很重要的作用。目前随着手机、平板电脑等越来越多的便携式数据终端的出现，不仅计算机需要使用 IP 地址，这些便携式的数据终端也需要使用 IP 地址来实现联网的功能。这样一来，我们对 IP 地址的需求量就越来越大，IPv4 的地址资源就显得非常匮乏。早在 2011 年 2 月，国际地址分配机构（Internet Assigned Numbers Authority，IANA）已将其 IPv4 地址空间段的最后 2 个 "/8" 地址组分配出去。这一事件标志着地区性注册机构（Regional Internet Registry，RIR）可用 IPv4 地址空间中 "空闲池" 的终结。当然这并不意味着 IPv4 地址无法获得。自 2011 年开始，我国 IPv4 地址总数基本维持不变，截至 2017 年 12 月，共计有 3. 38 亿个；而同期我国的网民数量却已达到 7. 72 亿，IPv4 地址已远远满足不了日益增长的地址需求。

20 世纪初，相关机构就开始着手 IP 地址的升级工作，其中具有标志意义的是互联网工程任务组（IETF）1998 年 12 月发布的 RFC 2460—网际协议第 6 版技术规范。许多国家纷纷把 IPv6 技术的研究作为未来网络发展的重要课题，在研发规划中均采用 IPv6 协议作为网络的核心协议。

IPv6 作为下一代的互联网协议，其最大的特征是将表达 IP 地址的位数从 32 位扩展到

128 位，表达方式由原来的点分十进制（如 192.168.1.16），变为冒号分十六进制（如 2001:0db8:85a3:08d3:1319:8a2e:0370:7344）。通过 IP 地址位数的扩容，IPv6 能够为所有使用 IP 地址联网的设备提供足够多的地址。IPv6 的地址总数大约为 3.4×10^{38} 个，平均到地球表面上，每平方米将有 6.67×10^{23} 个地址，足以满足我们对 IP 地址的需求。

2. IPv6 的优点

IPv6 的优点如下：

（1）超大的地址空间。

（2）更小的路由表。IPv6 的地址分配一开始就遵循聚类的原则，这使路由器能在路由表中用一条记录表示一片子网，大大减小了路由器中路由表的长度，提高了路由器转发数据包的速度。

（3）更高的安全性。在使用 IPv6 网络中，用户可以对网络层的数据进行加密并对 IP 报文进行校验，这极大地增强了网络安全。

（4）增强的组播支持以及对流的支持。这使网络上多媒体的应用有了长足发展的机会，为服务质量控制提供了良好的网络平台。

（5）加入了对自动配置的支持。这是对 DHCP（动态主机配置协议）的改进和扩展，可以使网络（尤其是局域网）的管理更加方便和快捷。

3. IPv6 地址类型

IPv4 有单播、广播和组播 3 种地址类型，但在 IPv6 中广播地址类型已不再使用。这对于网络管理员来说是一个好消息，因为在传统的 IP 网络中出现的很多问题都是由广播引起的。IPv6 也有 3 种地址类型，分别是单播、组播（或称多播）和泛播（或称任意播）。

（1）单播 IPv6 地址：单播地址唯一标识一个 IPv6 节点的接口。发往单播地址的数据包最终传递给这个地址所标识的接口。为适应负载均衡，IPv6 协议允许多个接口使用相同的 IPv6 地址，只要它们对于主机上的 IPv6 协议表现为一个接口。

（2）组播 IPv6 地址：组播地址标识一组 IPv6 节点的接口。发往组播地址的数据包会被该组播组所有的成员处理。

（3）泛播 IPv6 地址：泛播地址指派给多个节点的接口。发往泛播地址的数据包只会传递给其中的一个接口，一般是离得最近的一个接口。

4. IPv6 地址自动配置

IPv6 地址的一个重要目标是支持节点即插即用，即能够将节点插入到 IPv6 网络中，不需要人工干预即可实现自动配置。

（1）全状态自动配置。

该类型的配置需要一定程序的人工干预，因为这种类型的地址配置需要动态主机配置协议（DHCPv6）来配置 IPv6 服务器，以便于实现节点的安装和管理。

首先 DHCP 客户端发送 DHCP Solicit 消息来发现网络中的 DHCP 服务器，由于 IPv6 取消了广播，该消息采用组播方式进行发送，目的 IPv6 地址为所有 DHCP 服务器和中继代理组播地址（FE02::1:2），源地址为客户端链路本地地址，该消息还可以包含客户端希望获取的一些参数信息。服务器在收到 DHCP Solicit 消息后，回复 DHCP Advertise 消息，向客户端表明自己的可用性。由于网络中可能存在不止一台 DHCP 服务器，因此，客户端可能收到多个 DHCP Advertise 消息。客户端通过分析 DHCP Advertise 消息，选择最合适的服务器并发送 DHCP Request 消息，然后请求地址或其他消息，该消息也以组播地址发送。最后，被客户端选中的服务器发送 DHCP Reply 消息，响应客户端的请求。

（2）无状态自动配置。

此类型配置适合小型组织和个体。在此情况下，每个主机通过网络中的路由器获得该网络使用的网络前缀，与使用 IEEE EUI – 64 标准定义的网络接口 ID 结合形成有效的 IPv6 地址，可以确保该地址在链路中是唯一的。

5. IPv6 地址表示方式

IPv6 是互联网协议的第 6 版，是被正式广泛使用的第二版互联网协议。根据 RFC 4291（IPv6 Addressing Architecture）的定义，IPv6 地址有 3 种格式：首选格式、压缩表示和内嵌 IPv4 地址的 IPv6 地址表示。

（1）首选格式。

IPv6 的 128 位地址被分为 8 段，每 16 位为一段，每段被转换为一个 4 位十六进制数，并用冒号隔开，这种表示方法称为冒号十六进制表示法。其格式表示为 X:X:X:X:X:X:X:X，其中 X 代表 4 位十六进制数。例如，2001:0410:0000:0001:0000:0000:0000:45FF 就是一个合法的 IPv6 地址。

在首选格式中，IPv6 地址每段中的前导 0 是可以去掉的，但至少要保证每段有一个数字。如果将不必要的前导 0 去掉，上述地址可以表示为：2001:410:0:1:0:0:0:45FF。

（2）压缩表示。

当 IPv6 地址中一个或多个段位各位全为 0 时，为缩短地址长度，可用::（双冒号）表示，但一个地址只允许用一次。如下列 IPv6 地址：

FF01:0:0:0:0:0:0:101（连续的 6 段都为 0）

2001:0410:0000:0001:0000:0000:0000:45FF（第 3 段为 0，第 5 到 7 段为 0）

可压缩表示为

FF01::101（6 段 0 全部压缩）

2001:0410:0:0001::45FF（只有第 5 到 7 段可以被压缩）

（3）内嵌 IPv4 地址的 IPv6 地址表示。

这是一种过渡机制中使用的特殊表示方法，在这种表示方法中，IPv6 地址的第一部分用十六进制表示，而 IPv4 地址部分用十进制表示，表示格式为 X:X:X:X:X:X:d.d.d.d，其中 d 表示 IPv4 地域中的一个十进制数。

有以下两种内嵌 IPv4 地址的 IPv6 地址：

①IPv4 兼容 IPv6 地址（IPv4 – Compatible IPv6 Address）：0:0:0:0:0:0:192.168.1.2 或者::192.168.1.2。

②IPv4 映射 IPv6 地址（IPv4 – Mapped IPv6 Address）：0:0:0:0:0:0:FFFF:192.168.1.2 或者::FFFF:192.168.1.2。

2.1.8　IP 数据报

IP 协议是 TCP/IP 协议模型中最基本的部分，运行在网际层上，可实现异构网络之间的互联互通。它是一种不可靠、无连接的协议。IP 协议控制传输的协议单元称为 IP 数据报（IP Datagram，IP 数据报、IP 包或 IP 分组）。IP 协议屏蔽了下层各种物理子网的差异，能够向上层提供统一格式的 IP 数据报。

1. IPv4 数据报

IPv4 数据报由报头和数据两部分组成，其中，数据是高层需要传输的数据，报头是为了正确传输高层数据而增加的控制信息。报头的前一部分长度固定，共 20 字节，是所有 IP 数据报必须具有的。在首部固定部分的后面是可选字段，长度可变。

IPv4 数据报格式见表 2-6。

表 2-6　IPv4 数据报格式

0		4		16			31
版本号	IHL		服务类型	报文总长度			
标识符				D	M	分片偏移量	
TTL			协议	首部校验和			
源 IP 地址（32 位）							
目的 IP 地址（32 位）							
IP 选项与填充数据							
用户数据							

IPv4 数据报中各字段的含义如下：

（1）版本号。该字段长 4 位，表示 IP 协议的版本号，当前版本是 IPv4，值为 0100。

（2）IHL。该字段长 4 位，表示 IP 头部的长度（指除了用户数据之外的长度），以 32 位二进制为基本单位，即该字段值表示该 IP 头部的长度为多少个 32 位的长度。该字段值最小是 5，即 20 个字节。

（3）服务类型。服务类型包括 3 位的优先权字段、4 位的服务类型字段，用于区分可靠性、优先级、延迟和吞吐率的参数。

（4）报文总长度。报文总长度字段指明了整个 IP 分组的长度，该长度是以字节为单位的。

（5）标识符。标识字段可以唯一标识一个 IP 分组。在穿过不同网络时，一个较大的 IP 分组可能在其他网络中被拆分成若干个小的分片。当 IP 分组穿过这些网络后必须对这些分片进行重组，这时就需要标识字符来判断某个分片属于哪一个分组。

（6）标志字段。标志字段只有 3 位，第一位没有定义，必须为 0；第二位 D 指明该 IP

分组是否可以被分片；第三位 M 指明当前分片是否为最后一个分片。

（7）分片偏移量。该字段长 13 位。既然 IP 分组可能被分片，那么必须有一个字段指明当前分片在原始 IP 分组中的偏移地址。

（8）TTL。该字段表示生存时间，指明了该 IP 分组的生命期。当 IP 分组通过一个路由器时，该分组的 TTL 值将被减 1；如果 TTL 值为 0，该 IP 分组将被丢弃，从而避免路由环路的问题。

（9）协议。该字段指出了哪一个高层协议在使用 IP。例如，6 代表 TCP，17 代表 UDP。

（10）首部校验和。首部检验和字段用于保证首部的完整性。

（11）源 IP 地址和目的 IP 地址。这两个字段指出了 IP 分组的源主机和目的主机的 IP 地址。

（12）IP 选项与填充数据。该字段可以扩充 IP 分组的含义，目前有一些可选项的定义。但是，目前很少使用这些定义项，因为并不是所有的主机和路由器都支持这些可选项。由于 IP 首部必须是 32 位的整数倍，因此，必要时会在可选项后插入一些 0 以保证 IP 首部长度的要求。

（13）用户数据。该字段主要指由传输层传送下来或送往传输层的数据报文。

2. IPv6 数据报

IPv6 数据报由一个 IPv6 的基本报头、多个扩展报头和一个高层协议数据单元组成。基本报头长度为 40 个字节，一些可选内容放在扩展报头中实现，这种设计方法可提高数据报的处理效率。IPv6 数据报格式不向下兼容 IPv4。

IPv6 数据报格式见表 2-7。

表 2-7　IPv6 数据报格式

0	4	12	31

版本号	通信流类别	流标签	
有效载荷长度		下一个报头	跳数限制
源地址（128 位）			
目的地址（128 位）			

IPv6 数据报中各字段含义如下：

（1）版本号。该字段长度为 4 位，表示 IP 协议的版本号，当前版本是 IPv6，值为 0110。

（2）通信流类别。该字段长度为 8 位，指明为该包提供了某种"区分服务"。

（3）流标签。该字段长度为 20 位，用来标识属于同一业务流的包（即特定源站到特定目的站），数据流的命名中包括流标签、源节点地址和目的节点地址。

（4）有效载荷长度。该字段长度为 16 位，包括净荷的字节长度，指除基本报头外的数据，包含扩展报头和高层数据。

（5）下一个报头。该字段长度为 8 位，如果存在扩展报头，该字段的值指明下一个扩展报头的类型；如果没有扩展报头，该字段的值指明高层数据的类型。

（6）跳数限制。该字段长度为 8 位，每转发一次该值减 1，该值到 0 则丢弃，用于高层设置其超时值。

（7）源地址。该字段长度为 128 位，指出发送方的 IPv6 地址。

（8）目的地址。该字段长度为 128 位，指出接收方的 IPv6 地址。

2.2　实训任务

2.2.1　子网划分

1. 任务目标

掌握利用子网掩码进行子网划分的方法。

2. 任务环境

某中型企业从 ISP 申请到 172.16.0.0 的网络地址，该企业下设有 6 个部门，请作为网络管理人员进行合理的网络地址规划，并指出规划完毕后各部门可以使用的主机 IP 地址。

3. 任务实施

根据前面我们所学到的知识，网络地址规划可按以下几步来进行：

步骤 1：根据需要划分的子网数，确定子网标识位的位数。

由任务要求可知，该企业下设有 6 个部门，因此需要划分 6 个子网。设子网标识位的位数为 N，则有 $2^N - 2 >= 6$，根据满足子网数要求条件下，主机数最多的原则，取 N = 3，即子网标识位为 3 位。

步骤 2：根据申请到的 IP 地址类型，写出子网掩码的值。

由于申请到的 IP 地址是 172.16.0.0，为 B 类地址，其缺省的子网掩码为：255.255.0.0，对应的二进制为：11111111.11111111.00000000.00000000，根据上一步算得的结果显示子网标识位的位数为 3 位，根据子网掩码的定义，该网络的子网掩码变为：11111111.11111111.11100000.00000000，对应的十进制为 255.255.224.0。

步骤 3：根据子网标识位的位数，算得每个子网中的主机地址数。

对于 B 类地址来讲，子网标识位的位数为 3 位时，其主机标识位的位数为 13 位，因此子网划分后每个子网中的可用主机地址数为 $2^{13} - 2 = 8190$。

步骤4：确定子网号及子网中的 IP 地址范围。

由于子网标识位为 3 位，可用子网数为 $2^3 - 2 = 6$。B 类地址的子网号由低 16 中的前 3 位来表示，主机号由低 16 位中的后 13 位来表示，6 个子网号分别为：

子网 1：10101100.00010000.00100000.00000000 十进制表示为：172.16.32.0

子网 2：10101100.00010000.01000000.00000000 十进制表示为：172.16.64.0

子网 3：10101100.00010000.01100000.00000000 十进制表示为：172.16.96.0

子网 4：10101100.00010000.10000000.00000000 十进制表示为：172.16.128.0

子网 5：10101100.00010000.10100000.00000000 十进制表示为：172.16.160.0

子网 6：10101100.00010000.11000000.00000000 十进制表示为：172.16.192.0

以子网 1 为例来看该子网中的主机 IP 地址范围：

10101100.00010000.00100000.00000001 十进制表示为：172.16.32.1

10101100.00010000.00100000.00000010 十进制表示为：172.16.32.2

……

10101100.00010000.00111111.11111110 十进制表示为：172.16.63.254

即子网 1 中的主机 IP 地址范围为 172.16.32.1 ~ 172.16.63.254 该子网的网络地址为 172.16.32.0，广播地址为 172.16.63.255。

同理可得：

子网 2 中的主机 IP 地址范围为 172.16.64.1 ~ 172.16.95.254 该子网的网络地址为 172.16.64.0，广播地址为 172.16.95.255。

子网 3 中的主机 IP 地址范围为 172.16.96.1 ~ 172.16.127.254 该子网的网络地址为 172.16.96.0，广播地址为 172.16.127.255。

子网 4 中的主机 IP 地址范围为 172.16.128.1 ~ 172.16.159.254 该子网的网络地址为 172.16.128.0，广播地址为 172.16.159.255。

子网 5 中的主机 IP 地址范围为 172.16.160.1 ~ 172.16.191.254 该子网的网络地址为 172.16.160.0，广播地址为 172.16.191.255。

子网 6 中的主机 IP 地址范围为 172.16.192.1 ~ 172.16.223.254 该子网的网络地址为 172.16.192.0，广播地址为 172.16.223.255。

2.2.2　网络地址配置及连通性测试

1. 任务目标

（1）正确配置 IP 地址和子网掩码。

（2）掌握连通性测试的方法。

2. 任务环境

（1）S3700 交换机 1 台。

（2）PC 4 台。

（3）该任务的网络拓扑图如图 2-5 所示。

图 2 - 5　网络拓扑图

3. 任务实施

步骤 1：配置 IP 地址和子网掩码。

配置 PC1 的 IP 地址为 192.168.1.33 子网掩码为 255.255.255.0；

配置 PC2 的 IP 地址为 192.168.1.34 子网掩码为 255.255.255.0；

配置 PC3 的 IP 地址为 192.168.1.65 子网掩码为 255.255.255.0；

配置 PC4 的 IP 地址为 192.168.1.66 子网掩码为 255.255.255.0。

步骤 2：同一网络 IP 地址配置及测试。在 PC1、PC2、PC3 和 PC4 之间用 ping 命令测试网络的连通性，将测试结果填入表 2 - 8 中。

表 2 - 8　主机之间连通性测试表 1

主机	PC1	PC2	PC3	PC4
PC1				
PC2				
PC3				
PC4				

步骤 3：不同网络 IP 地址配置及测试。保持 PC1、PC2、PC3 和 PC4 的 IP 地址不变，将它们的子网掩码配置为 255.255.255.224。

在 PC1、PC2、PC3 和 PC4 之间用 ping 命令测试网络的连通性，将测试结果填入表 2 - 9 中。

表 2 - 9　主机之间连通性测试表 2

主机	PC1	PC2	PC3	PC4
PC1				
PC2				
PC3				
PC4				

2.3 拓展阅读

雪人计划

"雪人计划"是基于全新技术架构的全球下一代互联网（IPv6）根服务器测试和运营实验项目，旨在打破现有的根服务器困局，为下一代互联网提供更多的根服务器解决方案。

根服务器负责互联网最顶级的域名解析，被称为互联网的"中枢神经"。在过去的IPv4体系内，全球共13台根服务器，唯一主根部署在美国，其余12台辅根有9台在美国，2台在欧洲，1台在日本。2017年11月28日，由中国下一代互联网国家工程中心牵头发起的"雪人计划"已在全球完成25台IPv6（互联网协议第六版）根服务器架设。中国部署了其中的4台，由1台主根服务器和3台辅根服务器组成，形成了13台原有根加25台IPv6根的新格局，彻底打破了中国过去没有根服务器的困境。

"雪人计划"基于IPv6等全新技术框架，旨在打破现有国际互联网13个根服务器的数量限制，克服根服务器在拓展性、安全性等技术方面的缺陷，制定更完善的下一代互联网根服务器运营规则，为在全球部署下一代互联网根服务器做准备。

2.4 巩固练习

一、填空题

1. TCP/IP体系结构划分为四层，分别是_____、_____、_____和应用层。

2. _____用来实现互联网中电子邮件的传送功能。

3. IP地址由_____和_____两部分组成。IPv4用_____位二进制来表示。

4. IPv6用_____位二进制来表示。IPv6的地址类型有_____、_____和_____。

5. TCP/IP协议工作有_____层。TCP/IP协议中文全称为_____。

二、选择题

1. 在TCP/IP体系结构中，ICMP协议工作在（   ）。

A. 网络接口层　　　　B. 网际层　　　　C. 传输层　　　　D. 应用层

2. （   ）用来将网际层地址转化为数据链路层地址。

A. IP　　　　B. ARP　　　　C. RARP　　　　D. DNS

3. TCP/IP协议集中，不是工作在应用层的是（   ）。

A. FTP　　　　B. Telnet　　　　C. DNS　　　　D. TCP

4. 下列IP中（   ）是合法的IP地址。

A. 10.1.0　　　　　　　　　　　　B. 172.16.1.256

C. 192.168.1.1　　　　　　　　　D. 202.102.1.254

5. 下列地址中属于C类IP地址的是（   ）。

A. 10. 254. 1. 3   B. 191. 168. 2. 2

C. 192. 168. 2. 2   D. 224. 0. 0. 5

6. C 类 IP 地址的类别标识位是（   ）。

A. 0   B. 10   C. 110   D. 1110

7. C 类 IP 地址中每个网络中主机数最多的是（   ）。

A. 128   B. 254   C. 255   D. 256

8. 子网掩码中 1 所对应的是（   ）。

A. IP 地址中的网络地址位   B. IP 地址中的主机地址位

C. 网络类型的标识位   D. 网络的拓扑结构类型

9. 某主机的 IP 地址为 192. 16. 32. 65，则该 IP 地址对应的子网掩码可能是（   ）。

A. 255. 0. 0. 0   B. 255. 255. 224. 0

C. 255. 255. 255. 224   D. 255. 255. 255. 255

10. 某主机的 IP 地址为 192. 168. 1. 22，子网掩码为 255. 255. 255. 240，则可能与该主机处于同一网络的 IP 地址是（   ）。

A. 192. 168. 1. 14   B. 192. 168. 1. 30

C. 192. 168. 1. 34   D. 192. 168. 1. 65

三、简答题

1. 简述 TCP/IP 体系结构的分层及各层次功能。

2. 简述 IP 地址的分类。

3. 简述子网划分的作用。

四、实训练习

1. 练习目的

掌握划分子网的方法。

2. 练习环境

某企业申请到一个 202. 102. 10. 0 的网段地址，该企业下属有 12 个部门，每个部门中的主机数不多于 14 台。

3. 练习要求

（1）对子网进行划分后，请回答以下问题。

①进行子网划分时所使用的子网掩码。

②每个子网中主机数。

③每个子网中主机地址范围。

④每个子网的网络地址和广播地址。

（2）参照实训任务拓扑图 2 - 5，进行主机 IP 地址配置，将 PC1 和 PC2 的 IP 地址配置在一个子网中，将 PC3 和 PC4 的 IP 地址配置在另一个子网中，分别对处于同一子网的主机和不同子网的主机进行连通性测试。

项目 3

组建办公室对等网络

【项目导入】

佳明父亲新成立一家公司，公司位于某商业大厦的 3 层。现因公司办公信息化的需要，购买了 3 台计算机和 1 台打印机。为了方便资源共享和文件的传递及打印，佳明的父亲想组建一个经济实用的小型办公室网络，让在大学学习计算机专业的佳明利用所学知识来组建这个办公室对等网络。小明该如何组建呢?

【职业能力目标】

知识目标

➢ 掌握计算机网络拓扑结构分类

➢ 了解计算机网络拓扑结构的优缺点

➢ 了解局域网体系结构及标准

➢ 熟练掌握局域网介质访问控制方式

➢ 了解常用以太网组网技术

➢ 掌握局域网中常用连接设备名称及作用

技能目标

➢ 能够完成使用交换机组建小型交换式对等网的操作

➢ 能够完成办公室对等网络中设置文件夹共享的操作

➢ 掌握完成办公室对等网络中设置打印机共享的操作

➢ 掌握完成办公室对等网络中映射网络驱动器的操作

素质目标

➢ 培养学生平等互利、合作共赢的职业道德

3.1 知识要点

3.1.1 计算机网络拓扑结构

拓扑是一个几何学的名词，它是一种不考虑物体的大小、形状等物理属性，而仅仅使用

点或者线描述多个物体实际位置与关系的抽象表示方法。拓扑不关心事物的细节，也不在乎相互的比例关系，只是以图的形式表示一定范围内多个物体之间的相互关系。

计算机网络借用"拓扑"这一名词，把网络主机及网络设备定义为节点，两节点间的连线定义为链路，网络节点和链路组成的几何图形就是网络拓扑结构。不同的网络拓扑结构，其介质访问控制方式、设备开销和网络性能方面都有所不同，分别适用于不同的场合，对整个网络的设计、功能、可靠性和通信费用等各方面都有影响。常见的计算机网络拓扑结构有总线型、环型、星型、树状和网状5种，如图3-1所示。

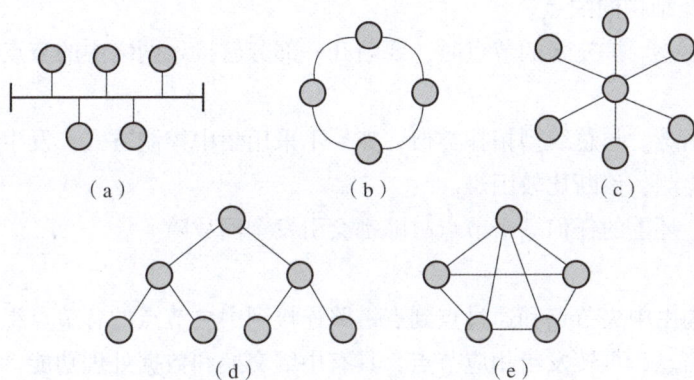

图3-1　网络拓扑结构类型
(a) 总线型拓扑；(b) 环型拓扑；(c) 星型拓扑；(d) 树状拓扑；(e) 网状拓扑

1. 总线型拓扑

总线型拓扑结构中，各节点通过一个或多个通信线路与公共总线连接。由于所有的节点共享一条公用的传输链路，因此一次只能由一个节点发送数据，这就需要采用一种访问控制方式来决定下一次哪个站点可以发送数据。总线型拓扑结构常用的介质访问控制方式是具有冲突检测的载波侦听多路访问（CSMA/CD）和令牌总线访问控制方式（Token Bus）。

（1）总线型拓扑结构的优点。

①结构简单、扩展容易。扩充新的站点时，可直接通过硬件接口连接到总线上。

②电缆长度短，布线容易。由于所有站点连接到一个公共总线上，因此，只需要较短的电缆，易于布线和维护。

③可靠性高。总线型网络中传输介质属于无源元件，从硬件角度看，十分可靠。除非总线传输介质自身出现故障，否则网络中任何节点的故障都不会造成全网的故障。

（2）总线型拓扑结构的缺点。

①故障诊断和隔离困难。由于总线型拓扑结构不是集中控制，因此一旦出现故障，就需要对每个节点进行故障检测。如果故障发生在节点，则需要将该节点从总线上去除；如果故障发生在总线传输介质，则故障隔离比较困难，整段总线都需要进行检测。

②实时性不强。由于所有节点都连接在一条总线上，在发送信息时容易产生冲突，因此无法确定信息何时能发送出去，不适合进行交互式通信。

2. 环型拓扑

网络中的各个节点连成环，就称之为环型拓扑结构。环路上信息单向从一个节点传送到另一个节点，传送路径固定，没有路径选择问题。环型拓扑结构与总线型拓扑结构类似，所有节点共享传输介质，因此，也需要采用访问控制方式来决定哪个节点可以发送信息。环型拓扑结构使用的是令牌环访问控制方式。

（1）环型拓扑结构的优点。

①结构简单，容易实现，电缆长度短。电缆长度与总线型网络相当，比星型拓扑结构要短很多。

②实时性好。信息传输的延时固定，适用于光纤传输，因此网络实时性好。

（2）环型拓扑结构的缺点。

①网络扩展性差。扩充新的节点时，要断开一部分已接入网络中的节点，会导致网络服务暂停。

②故障诊断困难。与总线型拓扑类似，如果不采用集中控制方式，发生故障时需要对每个节点进行故障检测，诊断比较困难。

③可靠性差。环上的任何一个节点故障都会引发全网故障。

3. 星型拓扑

星型拓扑结构由中央节点和通过点到点链路连接到中央节点的各节点组成。中央节点接收各分散节点的信息，再转发给相应节点，具有中继交换和数据处理功能。星型拓扑结构采用集中控制策略。

（1）星型拓扑结构的优点。

①方便服务。利用中央节点可方便地为各分散节点提供服务。

②故障诊断和隔离容易。由于星型拓扑中每个分散节点直接连接到中央节点且采用集中式控制策略，因此故障容易检测和隔离。

③访问协议简单：由于中央节点和分散节点是点对点的连接，因此，控制介质访问的方式很简单，访问协议也十分简单。

（2）星型拓扑结构的缺点。

①电缆长度长。每个节点需要直接与中央节点相连，因此，需要使用大量电缆。

②扩展困难。扩充新的节点时，需要增加到中央节点的连接，这需要在初始安装时预留冗余的电缆以配置更多的节点；如果节点离中央节点很远，还需要加长原来安装的电缆。

③依赖中央节点。由于所有分散节点都与中央节点相连，因此，对中央节点的可靠性和冗余度要求很高。中央节点容易成为全网的瓶颈，如果中央节点产生故障会引发全网故障。

4. 树状拓扑

树状拓扑结构是分层结构，适用于分级管理和控制系统。

（1）树状拓扑结构的优点。

①扩展性好。从理论上来说，树状结构可以延伸出众多分支和子分支，新的分支和节点容易加入网络中。

②故障隔离容易。如果某一分节的节点发生故障，很容易将这个分支和整个系统隔离开，而且节点故障只影响其所在分支网络的正常工作。

（2）树状拓扑结构的缺点。

对根的依赖性过大，如果根节点发生故障，则全网不能正常工作，这点与星型拓扑结构类似。

5. 网状拓扑

网状拓扑结构的节点之间有多条线路相连，网络的可靠性较高，但由于其结构比较复杂，建设成本较高，多用于广域网中。

在实际项目实施时也常用使用混合型拓扑结构。混合型拓扑结构是将两种单一拓扑结构混合起来，取两者的优点构成的拓扑结构。一种是星型拓扑和环型拓扑混合而成的"星 – 环"拓扑，另一种是星型拓扑和总线型拓扑混合而成的"星 – 总"拓扑。这两种混合型结构有相似之处，如果将总线型拓扑的两个端点连在一起就变成了环型拓扑。在混合型拓扑结构中，汇聚层设备组成环型或总线型拓扑，汇聚层设备和接入层设备组成星型拓扑。这样的拓扑结构更能满足较大网络的拓展，解决环型拓扑或总线型拓扑在连接用户数量上的限制问题，同时也解决了星型拓扑在传输距离上的局限问题。

3.1.2　局域网体系结构

1. IEEE 802 标准

电气与电子工程师协会（IEEE）下设的 IEEE 802 委员会在局域网的标准制定方面做了卓有成效的工作，该委员会根据局域网介质访问控制方法适用的传输介质、网络拓扑结构、性能及实现难易等考虑因素，为局域网制定了一系列的标准，称为 IEEE 802 标准。IEEE 802 标准已被美国国家标准协会（ANSI）确定为美国国家标准，IEEE 还把草案送交给 ISO。ISO 把 IEEE 802 标准称为 ISO 802 标准，因此，许多 IEEE 标准也是 ISO 标准。

IEEE 802 现有系列标准如图 3 – 2 所示。

图 3 – 2　IEEE 802 现有系列标准

IEEE 802.1：局域网体系结构、寻址、网络的管理和互联。

IEEE 802.3：以太网（Ethernet）介质访问控制协议（CSMA/CD）及物理层技术规范。

IEEE 802.11：无线局域网的介质访问控制协议及物理层技术规范。

2. 局域网参考模型

IEEE 802 标准主要研究和定义局域网和城域网的物理层和 MAC 层中的服务和协议，对应于 OSI/RM 的最低两层（物理层和数据链路层）。事实上，IEEE 802 将 OSI/RM 的数据链路层分为两个子层，分别是逻辑链路控制子层（LLC）和介质访问控制（MAC）子层。IEEE 802 模型与 OSI/RM 模型的对应关系如图 3-3 所示。

应用层	高层
表示层	
会话层	
传输层	
网络层	
数据链路层	LLC子层
	MAC子层
物理层	物理层

图 3-3　IEEE 802 模型与 OSI/RM 模型的对应关系

（1）LLC 子层。LLC 子层在数据链路层的上半部分，在 MAC 层的支持下向网络层提供服务，可运行于所有 IEEE 802 局域网和城域网协议之上。LLC 子层与传输介质无关。它独立于介质访问控制方法，隐蔽了各种 IEEE 802 网络之间的差别，并向网络层提供了一个统一的格式和接口。LLC 子层的功能包括差错控制、流量控制和顺序控制，并为网络层提供面向连接和无连接的两类服务。

（2）MAC 子层。MAC 子层是数据链路层的一个功能子层，是数据链路层的下半部分，它直接与物理层相邻。MAC 子层为不同的物理介质定义了介质访问控制标准，其主要功能如下。

①传送数据时，将上层传来的数据组装成 MAC 帧，封装进去的数据包括地址字段和差错检测字段等。

②接收数据时，将接收的 MAC 帧进行分解、地址识别和差错检测。

③管理和控制对局域网传输介质的访问。

3.1.3　局域网介质访问控制方式

局域网使用的是广播信道，即众多用户共享通信介质。要保证用户之间不发生冲突，可以正常通信，需要解决信道争用的问题。解决信道争用问题的协议称为介质访问控制协议，是数据链路层协议的一部分。

局域网常用的介质访问控制协议有载波侦听多路访问/冲突检测（CSMA/CD）、令牌环访问控制和令牌总线访问控制。现在，采用 CSMA/CD 的以太网已成为局域网的主流。

CSMA/CD 是一种适合于总线结构的介质访问控制方法。最初的以太网是基于总线拓扑结构的，使用的是粗同轴电缆，所有站点共享总线，一个站点发送数据帧给某个特定站点时，总线上的其他站点都会收到此数据帧，每个站点根据数据帧的目的地址决定是丢弃还是处理该帧。

总线上只能有一台计算机发送数据，否则数据信号就会在信道中叠加，相互干扰，产生数据冲突，会使发送出的数据无效。由于站点都是随机发送数据的，如果没有一个协议来规范，所有站点都来争用同一个信道，必然会发生冲突。CSMA/CD 正是解决这种冲突的协议，该协议实际上可分为"载波侦听"和"冲突检测"两部分。

1. 工作过程

CSMA/CD 又被称为"先听后讲，边听边讲"，现将其具体工作过程概括如下。

（1）想发送信息的站点先侦听信道，看是否有信号在发送。如果信道空闲则立即发送信息；如果信道忙，则继续侦听，直到信道空闲时再进行发送。

（2）站点在发送信息后继续监听信道，进行冲突检测。如果发生冲突，立即停止发送，并向总线发出一串阻塞信号（连续几个字节全 1，一般是 32～48 位），通知总线上各站点冲突已发生，使各站点重新开始侦听与竞争。

（3）已发出信息的站点收到阻塞信号后，等待一段随机时间，重新进入侦听发送阶段。

CSMA/CD 的发送流程如图 3-4 所示。

图 3-4　CSMA/CD 的发送流程

2. 二进制指数退避算法

在采用 CSMA/CD 介质访问控制方式时，发送信息的站点仍然需要对信道进行监听，目的是发现在信息传输过程中是否还会发生冲突。那么在多长时间范围内能够检测到该信息帧所有可能发生的冲突呢？一般认为这个时间范围不会超过该站点与距离该站点最远站点信息传输时延的 2 倍。假设 A 站点与距离 A 站最远 B 站点的传输时延为 T（图 3-5），$2T$ 就作为一个时间单位。若该站点在信息发送后 $2T$ 时间内无冲突，则该站点取得使用信道的权利，其他站点在准备发送信息侦听信道时，就会侦听到有信号在传输，从而不会再发生冲突。可见，要检测信息帧在发送过程中是否产生冲突，每个站点发送信息帧所用的时间必须不小于 $2T$。

图 3-5　传输时延

二进制指数退避算法的工作过程如下：

（1）确定基本退避时间，一般为端到端的往返时间为 $2T$，$2T$ 也成为冲突窗口或争用期。在标准以太网中，$2T$ 取 51.2 μs。在 51.2 μs 的时间内，数据传输速率为 10 Mbit/s 时可以发送 512 bit，即 64 字节数据。因此，以太网发送数据时，如果发送 64 字节还没有发生冲突，那么后续的数据将不会发生冲突。

（2）定义参数 k，k 与冲突次数有关，规定 k 不能超过 10，$k = \min[\text{冲突次数},10]$。当冲突次数大于 10 小于 16 时，k 不再增大，一直取值为 10。

（3）从离散的整数集合 $[0,1,2,\cdots\cdots,(2^k-1)]$ 中随机的取出一个数 r，等待的时延为 r 倍的基本退避时间，等于 $r \times 2T$。r 的取值范围与冲突次数 k 有关，r 可选的随机取值为 2^k 个，这也是该算法称为二进制退避算法的起因。

（4）当冲突次数大于 10 以后，都是从 $0 \sim (2^{10}-1)$ 个 $2T$ 中随机选择一个作为等待时间。

（5）当冲突次数超过 16 次后，发送失败，丢弃传输的帧，发送错误报告。

3.1.4　以太网技术

1976 年 7 月，鲍勃在 ALOHA 网络的基础上提出总线型局域网的设计思想，并提出冲突检测、载波侦听与随机后退延迟算法，其将这种局域网命名为以太网。

以太网是一种计算机局域网组网技术。IEEE 制定的 IEEE 802.3 标准给出了以太网的技术标准。它规定了包括物理层的连线、电信号和介质访问层协议的内容。以太网是当前应用最普遍的局域网技术，其在很大程度上取代了其他局域网标准，如令牌环网、光纤分布数据接口（FDDI）和令牌总线网等。

1．MAC 地址

为了标识以太网上的每台主机，需要给每台主机上的网络适配器（网卡）分配一个全球唯一的通信地址，即 Ethernet 地址（也称网卡的物理地址、MAC 地址）。

Ethernet 地址长度为 48 bit，共有 6 字节，如 00-0D-88-47-58-2C。其中，前 3 个字节为 IEEE 分配给厂商的厂商代码（00-0D-88），后 3 个字节为厂商自己设置的网络适配器编号（47-58-2C）。

2．以太网的帧格式

以太网数据帧是在数据链路层进行的封装，网络层的数据包加上帧头和帧尾后成为可以被数据链路层识别的数据帧（成帧）。以太网的帧长度是 64 ~ 1 518 字节（不算 8 字节的前导字符）。

以太网的帧格式有多种，在每种格式的数据帧开始处都有 64 bit（8 字节）的前导字符，其中前 7 个字节为前同步码（7 个 10101010），第 8 个字节为数据帧的起始标志（10101011），图 3 - 6 所示为 Ethernet Ⅱ 的数据帧格式（未包括前导字符）。

目的MAC地址 （6字节）	源MAC地址 （6字节）	类型 （2字节）	数据 （46~1 500字节）	FCS （4字节）

图 3 - 6　Ethernet Ⅱ 的数据帧格式

3. 以太网技术标准

（1）传统以太网。

起初的以太网只有 10 Mbit/s 的吞吐量，采用 CSMA/CD 的介质访问控制方式和曼彻斯特编码，这种早期的 10 Mbit/s 以太网称为传统以太网或标准以太网。

传统以太网使用粗同轴电缆、细同轴电缆、非屏蔽双绞线、屏蔽双绞线和光纤等多种传输介质进行连接、各站点共享信道，任何一个站点所发送的数据均以广播方式传输，总线上其他所有站点都可以接收到。在 IEEE 802.3 标准中为以太网中不同的传输介质制定了不同的物理层标准，这些标准中前面的数字表示传输速率，单位是"Mbit/s"，Base 表示基带传输，传统以太网中各标准之间的对比见表 3 - 1。

表 3 - 1　传统以太网中各标准之间的对比

特性	10Base - 5	10Base - 2	10Base - T	10Base - F
IEEE 标准	802.3	802.3a	802.3i	802.3j
数据传输速率 （Mbit·s^{-1}）	10	10	10	10
传输方式	基带	基带	基带	基带
无中继电缆 最大长度/m	500	185	100	2 000
最大网络跨度	2 500/5	925/5	500/5	4 000/2
传输介质	粗同轴电缆	细同轴电缆	非屏蔽双绞线	光纤
编码方式	曼彻斯特编码	曼彻斯特编码	曼彻斯特编码	曼彻斯特编码

（2）快速以太网。

传统以太网由于协议简单、安装方便而得到了广泛的应用，但其有限的带宽成为其系统的瓶颈。为了提高传统以太网系统的带宽，制定了 IEEE 802.3u 标准作为对 IEEE 802.3 标准的追加。符合 IEEE 802.3u 标准的以太网被称为快速以太网。快速以太网主要包括两种技术，即 100Base - T 和 100VG - AnyLAN。

100BASE－T的物理层包含3种介质选项，即100Base－TX、100Base－FX和100Base－T4（表3－2）。100Base－TX和100Base－FX均采用两对链路，其中一对用于发送，另一对用于接收，每对链路实现单方向的100 Mbit/s数据传输速率。100Base－TX使用屏蔽双绞线或5类非屏蔽双绞线，100Base－FX则使用光纤。100Base－T4是为在低质量要求的3类非屏蔽双绞线上实现100 Mbit/s数据传输速率而设计的。另外，该规范也可使用4类或5类非屏蔽双绞线。

100VG－AnyLAN是一种崭新的100 Mbit/s共享介质技术，由HP公司和AT&T公司共同开发，符合IEEE 802.12标准。它采取了与100Base－T完全不同的介质访问控制方式和协议，因此它的设备不能与现有的以太网设备一起使用。如果要将标准以太网升级到100VG－AnyLAN，原有的系统及网卡均需更换，目前采用100VG－AnyLAN技术组网的用户很少。

表3－2　快速以太网标准

标准	传输介质	最大传输距离/m	编码
100Base－T4	4 对 3、4、5 类 UTP	100	8B/6T
100Base－TX	2 对 STP 或 5 类 UTP	100	4B/5B
100Base－FX	2 对光纤	2000	4B/5B

（3）千兆以太网。

随着多媒体技术、网络分布式计算、桌面视频会议等应用的不断发展，用户对局域网的带宽提出了更高的要求，同时快速以太网也要求主干网、服务器一级有更高的带宽。另外，由于以太网的简单、实用廉价及应用的广泛性，人们从建网成本角度出发，又迫切要求高速网技术与现有以太网技术保持最大的兼容性。

IEEE802.3工作组于1998年6月完成了IEEE 802.3z标准，该标准定义了1000Base－SX、1000Base－LX和1000Base－CX 3种标准。其中前两种标准采用光纤为传输介质，后一种标准采用铜线为传输介质。1999年6月，IEEE 802.3委员会正式公布了第二个铜线标准IEEE802.3ab。

①1000 Base－SX：工作波长为850 nm的短波，采用8B/10B的编码方式，使用芯径为62.5 μm、50 μm的多模光纤，最长有效传输距离分别可达275 m和550 m，适用于建筑物中同一层的短距离主干网。

②1000Base－LX：工作波长为1 300 nm的长波，采用8B/10B的编码方式，使用芯径为62.5 μm、50 μm的多模光纤以及9 μm的单模光纤，最长有效传输距离分别为525 m、550 m和3 000 m，主要用于校园主干网。

③1000 Base－CX：使用屏蔽双绞线，采用8B/10B编码方式，传输距离为25 m，主要用于集群设备的连接，如一个交换机房内的设备互连。

④1000 Base－T：使用4对5类非屏蔽双绞线，最长有效传输距离为100 m，主要用于结构化布线中同一层建筑的通信。

（4）万兆以太网。

万兆以太网与千兆以太网类似，仍然保留了以太网帧结构。通过不同的编码方式或波分复用方式提供 10 Gbit/s 的传输速率。就其本质而言，万兆以太网仍然是以太网的一种类型。基于光缆的万兆以太网标准 IEEE 802.3ae 于 2002 年正式颁布；基于同轴电缆的万兆以太网标准 IEEE 802.3ak 于 2004 年正式颁布；基于非屏蔽双绞线的万兆以太网标准 IEEE 802.3an 于 2006 年通过。万兆以太网的特性如下：

①万兆以太网不再支持半双工数据传输，所有数据传输都以全双工方式进行。这样不仅极大地扩展了网络的覆盖范围，而且使标准得以大大简化。

②万兆以太网标准对物理层进行了重新定义，将物理层分为两部分，分别为 LAN 物理层和 WAN 物理层。LAN 物理层提供了现在正广泛使用的以太网接口，数据传输速率为 10 Gbit/s；WAN 物理层则提供了与 SONET OC – 192c 和 SDH VC – 4 – 64c 相兼容的接口，数据传输速率为 9.58 Gbit/s。重新定义后的万兆以太网不但能以更优的性能为企业骨干网服务，而且能从根本上对广域网及其他长距离网络应用提供最佳支持。

③万兆以太网有 5 种物理接口。千兆以太网的物理层每发送 8 bit 数据，就要用 10 bit 组成编码数据段，网络带宽的利用率只有 80%；万兆以太网则每发送 64 bit 只需用 66 bit 组成编码数据段，比特利用率达 97%。虽然这是以牺牲了纠错位和恢复位而换取的，但万兆以太网采用更先进的纠错和恢复技术，确保了数据传输的可靠性。

3.1.5 网络常用连接设备

在网络中，为了实现不同主机或不同子网间数据的传输与交换，需要借助于多种网络连接设备。常用的连接设备主要包括中继器（Repeater）、集线器（Hub）、网桥（Bridge）、交换机（Switch）、路由器（Router）、网关（Gateway）、网卡（Network Interface Card，NIC）等。

1. 中继器

中继器是局域网互连的最简单设备，它工作在 OSI/RM 的物理层。常用于两个网络节点之间物理信号的双向转发，负责在两个节点物理层上按位传递数据，并完成信号的复制调整和放大功能，以此来延长网络段的长度或将两个网络段连接在一起。485 串行通信中继器如图 3 – 7 所示。

图 3 – 7　485 串行通信中继器

　　要保证中继器能够正确工作，首先要保证由中继器连接起来的两端采用相同的介质访问控制方式，即具有相同的数据链路层协议。但中继器可以用来连接不同的物理介质，并在各种物理介质中传输数据包。

　　从理论上来说，中继器可以无限次的使用，因此网络段的长度可以得到无限延长。事实上这是不可能的，网络中对信号的延迟范围做了具体规定，中继器只能在规定范围内有效工作。以太网标准中规定了一个以太网中最多允许出现 5 个网段，使用 4 个中继器，只有 3 个网段可以连接计算机终端，其他 2 个网段用来扩大网络覆盖范围。

　　2. 集线器

　　集线器（图 3–8）是单一总线的共享式设备，其提供了多个接口将网络中的多台计算机连接起来。集线器内部采用电气互连结构，与中继器一样，其在收到信号后，也会将信号调整放大，再发送给其他节点。因此从某种意义上可以将集线器看作是多端口的中继器，它也是在 OSI/RM 中的物理层中工作的。集线器的所有端口共享带宽，任何一个端口收到信息后，都会以广播的方式发送给除接收端之外的其他端口，容易产生广播风暴。

（a）　　　　　　　　　　　　　　　（b）

图 3–8　集线器
（a）USB 集线器；（b）RJ–45 集线器

　　用集线器组建的网络在物理上属于星型拓扑结构，在逻辑上属于总线型拓扑结构，其使用的介质方向控制方式是 CSMA/CD。

　　3. 网桥

　　网桥工作于 OSI/RM 的数据链路层，所以 OSI/RM 的数据链路层以上各层的信息对网桥来说是透明的。各高层协议的理解依赖于各自的计算机，无线网桥如图 3–9 所示。

图 3–9　无线网桥

网桥包含中继器的功能和特性，不仅可以连接多种介质，还能连接不同的物理分支，如以太网和令牌网能在更大的范围内传送数据包。网桥的典型应用是将局域网分段成子网，从而降低数据传输的瓶颈，这种网桥称为"本地"桥；用于广域网上的网桥称为"远地"桥。两种类型的网桥执行同样的功能，只是所用的网络接口不同。

网桥的功能在延长网络跨度上的作用类似于中继器，但它能提供智能化连接服务，即能够根据数据帧的目的地址处于哪一网段来进行转发和过滤，如图 3-10 所示。网桥对站点所处网段的了解是靠"自学习"实现的。

图 3-10　网桥的功能

4. 交换机

交换机是一种工作在数据链路层中，基于 MAC 地址识别，完成信息帧交换和转发功能的设备。

交换机也称为交换式集线器。它的每个端口可视为一个独立网段，连接在其上的设备可以共享该端口的总带宽。交换机可以学习每个端口所连设备的 MAC 地址，并把其存放在内部地址表中。发送数据帧时，交换机通过在内部地址表中查找发送数据帧的目的地址，将其从源端口地址转发到目的端口地址，而不进行广播式发送，这就避免了和其他端口发生冲突，从而提高了数据传输效率。48 口千兆交换机如图 3-11 所示，交换机柜如图 3-12 所示。

图 3-11　48 口千兆交换机

图 3-12　交换机柜

交换机与集线器的区别：

（1）OSI/RM 层次上的区别。集线器是工作在 OSI/RM 中物理层上的设备，而交换机则是工作在 OSI/RM 中数据链路层上的设备。

（2）发送方式上的区别。集线器的工作机理是广播，无论从哪一个端口接收到信息包，该端口都会以广播的发送方式将数据帧发送给集中器中其余的所有端口，这样很容易产生广播风暴，当网络规模较大时网络性能会受到很大的影响；交换机在发送数据帧时，只有发出请求的源端口和目的端口之间相互响应，不影响其他端口，因此其能够隔离冲突域并有效地抑制广播风暴的产生。

（3）带宽占用方式上的区别。对集线器而言，无论其有多少个端口，所有端口都是共享一条带宽，在同一时刻只能有一个端口发送数据，其他端口只能等待；同时集线器只能在半双工模式下工作。对交换机而言，每个端口都有一条独占的带宽，当两个端口工作时并不影响其他端口的工作；同时，交换机不但可以工作在半双工模式下，而且可以在全双工模式下工作。

5. 路由器

路由器工作在 OSI/RM 中的网络层，这就意味着，它可以在多个网络上交换和路由数据包。路由器通过在相对独立的网络中交换具体协议的信息来实现这个目标。与交换机相比，路由器不但能过滤和分隔网络信息流、连接网络分支，还能访问数据包中更多的信息，并且可以提高数据包的传输效率。路由表包含网络地址、连接信息、路径信息和发送代价等。路由器比交换机的转发速度慢，主要用于广域网与广域网或广域网与局域网之间的互联，如图 3-13 所示。

（a）

（b）

（c）

WAN端口
用以太网双绞线连接Cable/ADSL调制解调器

LAN端口
通过双绞线连接交换机或者计算机

电源适配器接口

复位按钮(按此按钮可使路由器恢复到出厂设置)

（d）

图 3-13　路由器

（a）小型无线路由器；（b）3G 路由器；（c）大型路由器；（d）小型路由器端口说明

6. 网关

网关又称网间连接器、协议转换器。网关在网络层以上实现网络互联，是最复杂的网络互联设备，仅用于两个高层协议不同的网络互联。网关既可以用于广域网互联，也可以用于局域网互联。网关是一种充当转换重任的计算机系统或设备。在不同的通信协议、数据格式或语言，甚至体系结构完全不同的两种系统之间，网关是一个翻译器，图 3 – 14 所示为 VPN 网关。

图 3 – 14   VPN 网关

📖 **说明**

由于历史原因，许多有关 TCP/IP 的文献曾经把网络层使用的路由器称为网关。局域网通常采用路由器接入互联网，所说的网关地址指的就是路由器端口的 IP 地址。

7. 网卡

网卡又称为网络接口卡，是计算机或其他网络设备所附带的适配器。其提供传输介质与网络主机的接口电路，主要用于主机和网络间的连接。

网卡实现了 OSI/RM 中数据链路层的功能，它定义了与传输介质进行连接的物理方式和在网络上传输二进制数据位的组帧方式。计算机联网后，网卡能够接收和执行各种网络控制命令。此外，网卡还可以对传送和接收的数据进行缓存。

网卡根据网络类型可分为以太网卡、令牌环网卡、ATM 网卡等；根据总线类型可分为 ISA 总线型网卡、PCI 总线型网卡、PCMCIA 总线型网卡（适用于笔记本电脑）、USB 网卡（外置式网卡）等；根据连接头不同可分为 BNC 接头网卡、AUI 接头网卡、RJ – 45 接头网卡、光纤接头网卡等，如图 3 – 15 所示。

（a）   （b）   （c）

图 3 – 15   网卡

（a）PCI 总线型网卡；（b）PCMCIA 总线型网卡；（c）USB 网卡

3.2 实训任务

组建小型交换式对等网络

1. 任务目标

（1）掌握利用交换机组建小型交换式对等网络的方法。

（2）实现计算机之间的文件共享。

（3）实现计算机之间的打印机共享。

2. 任务环境

（1）装有 Windows 10 操作系统的 PC 3 台。

（2）交换机 1 台。

（3）直通线 3 根。

（4）打印机 1 台。

（5）任务拓扑结构图。

小型交换式对等网络拓扑图如图 3-16 所示。

图 3-16　小型交换式对等网络拓扑图

3. 任务实施

步骤 1：连接硬件。

将 3 条直通双绞线的两端分别插入每台计算机网卡的 RJ-45 接口和交换机的 RJ-45 接口中，检查网卡和交换机的相应指示灯是否亮起，判断网络是否正常连通。

步骤 2：配置 TCP/IP。

PC1 配置：IP 地址为 192.168.101.10，子网掩码为 255.255.255.0；

PC2 配置：IP 地址为 192.168.101.20，子网掩码为 255.255.255.0；

PC3 配置：IP 地址为 192.168.101.30，子网掩码为 255.255.255.0。

步骤 3：测试网络连通性。

（1）在 PC1 中，分别执行"ping 192.168.101.20"和"ping 192.168.101.30"命令，测试其与 PC2、PC3 的连通性。

（2）在 PC2 中，分别执行"ping 192.168.101.10"和"ping 192.168.101.30"命令，测试其与 PC1、PC3 的连通性。

（3）在 PC3 中，分别执行"ping 192.168.101.10"和"ping 192.168.101.20"命令，测试其与 PC1、PC2 的连通性。

步骤 4：设置文件共享与打印机共享。

（1）设置计算机名和工作组名。

● 右击"此电脑"，在弹出的快捷菜单中选择"属性"命令，打开"系统"窗口，单击"高级系统设置"进入"系统属性"对话框，如图 3-17 所示。

● 点击"更改"按钮，进入"计算机名/域更改"对话框，设置计算机名及工作组名，设置完成点击"确定"，设置必须重启计算机后方可生效，如图 3-18 所示。

图 3-17　"系统属性"对话框　　　　图 3-18　"计算机名/域更改"对话框

（2）安装共享服务。

● 选择"开始"→"Windows 系统"→"控制面板"命令，打开"控制面板"窗口，依次单击"网络和 Internet"→"网络和共享中心"→"更改适配器设置"超链接，打开"网络连接"窗口。

● 右击"以太网"图标，在弹出的快捷菜单中选择"属性"命令，弹出"以太网属性"对话框，如图 3-19 所示。

● 如果"Microsoft 网络的文件和打印机共享"复选框已选中，则说明共享服务安装正确，否则应选中该复选框。

图 3-19 "以太网属性"对话框

- 单击"确定"按钮，重启计算机后设置生效。

（3）设置有权限共享的用户。

- 右击"此电脑"选项，在弹出的快捷菜单中选择"管理"命令，打开"计算机管理"窗口。

- 选择"本地用户和组"选项，右击"用户"选项，在弹出的快捷菜单中选择"新用户"命令，弹出"新用户"对话框。

- 在"新用户"对话框中依次输入用户名、密码等信息，单击"创建"按钮，创建新用户"shareuser"。如图 3-20 所示。

注意：添加共享用户 shareuser 之前需保证管理员账号已设置密码。

（4）设置文件夹共享。

- 新建共享文件夹 share，右击该文件夹，在弹出的快捷菜单中选择"属性"命令，打开文件夹属性对话框，如图 3-21（a）所示。

- 选择"共享"选项卡，单击"共享"，打开"网络访问"对话框，在下拉列表框中选择能够访问共享文件夹 share 的用户"shareuser"，添加用户，并将权限级别更改为"读取/写入"，如图 3-21（b）所示。

- 单击"共享"按钮，完成文件夹共享的设置，如图 3-21（c）所示。

（a）

（b）

图 3 – 20 设置有权限共享的用户

（a）"计算机管理"窗口；（b）"新用户"对话框

（a）

（b）

图3-21　设置文件夹共享

（a）"share"属性对话框；（b）选择要与其共享的用户

（c）

图 3 – 21　设置文件夹共享（续）

（c）完成文件夹共享

（5）设置打印机共享。

● 选择"开始"按钮，在搜索框中输入"控制面板"。在搜索结果中单击控制面板。

● 在"控制面板"窗口中，单击"硬件和声音 – 查看设备和打印机"，打开"设备和打印机"窗口。

● 在"设备和打印机"窗口中，如图 3 – 22（a）所示，右击需要共享的打印机名称（如 HP Laser MFP 131 133 135 – 138），在弹出的快捷菜单中，单击"打印机属性"。

● 在"打印机属性"对话框中，单击"共享"选项卡，选择"更改共享选项"，勾选"共享这台打印机"，在共享名文本框中，可设置共享打印机的名字（如 HP Laser MFP），单击"确定"按钮，如图 3 – 22（b）所示。

（6）使用共享文件夹。

● 在 PC2 和 PC3 的资源管理器或 Microsoft Edge 浏览器的地址栏中，输入共享文件夹所在的计算机名或 IP 地址，如输入"\\192.168.101.10 或 \\PC1"，然后输入用户名（shareuser）和密码（share），即可访问共享资源（如共享文件夹"share"），如图 3 – 23 所示。

● 右击共享文件夹"share"图标，在弹出的快捷菜单中选择"映射网络驱动器"命令，弹出"映射网络驱动器"对话框。

● 单击"完成"按钮，完成映射网络驱动器操作，如图 3 – 24（a）所示。双击打开"计算机"窗口，这时可以看到共享文件夹已经被映射成"Z"驱动器，如图 3 – 24（b）所示。

（a）

（b）

图 3 - 22　设置打印机共享

（a）"设备和打印机"对话框；（b）共享打印机

（a）

（b）

图 3 – 23　使用共享文件夹

（a）输入网络凭证；（b）访问共享文件夹

（7）使用共享打印机。

● 在 PC2 和 PC3 中，选择"开始"按钮，在搜索框中输入"控制面板"。在搜索结果中单击控制面板。

● 在"控制面板"窗口中，单击"硬件和声音 – 查看设备和打印机"，打开"设备和打印机"窗口。

● 单击"添加打印机"按钮，弹出"添加设备"窗口。选择搜索到的"HP Laser MFP 131 133 135 – 138 多功能打印机"，单击"下一步"按钮开始"Window 打印机安装"。

（a）

（b）

图3-24 映射网络驱动器
（a）选择要映射的文件夹；（b）映射成功的网络驱动器

• 在"添加打印机"对话框中，显示"已成功添加192.168.101.10上的 HP Laser MFP 131 133 135-138"，单击"下一步"按钮，即可完成网络打印机的添加，如图3-25所示。

（a）

（b）

（c）

图 3 – 25　使用共享打印机

（a）搜索网络打印机；（b）安装网络打印机的驱动程序；（c）成功添加网络打印机

3.3　拓展阅读

国际标准化组织与电气和电子工程师协会

1. 国际标准化组织

国际标准化组织（ISO）成立于1947年，是标准化领域中的一个国际组织。ISO来源于希腊语"ISOS"，其意为"平等"。ISO负责当今世界上多数领域（包括军工、石油、船舶等垄断行业）的标准化活动，ISO目前有165个成员（包括国家和地区），通过2856个技术机构开展技术活动。ISO在1984年提出的开放系统互联参考模型OSI/RM，这个模型将网络通信协议分为七层，分别是物理层、数据链路层、网络层、传输层、会话层、表示层和应用层。这个模型是一个定义异构计算机连接标准的框架结构。

2. 电气和电子工程师协会

电气与电子工程师协会（IEEE）前身是美国电气工程师协会和无线电工程师协会。1963年美国电气工程师协会和无线电工程师协会合并，正式成立了电气和电子工程师协会。IEEE标准协会是世界领先的标准制定机构，其标准制定内容涵盖信息技术、通信、电力和能源等多个领域。IEEE在1980年2月成立了局域网标准化委员会（简称IEEE 802委员会），专门从事局域网的协议制定形成了一系列的标准，称为IEEE 802标准。该标准已被国际标准化组织ISO采纳，作为局域网的国际标准系列，称为ISO 802标准。IEEE 802又称为LMSC（局域网/城域网标准委员会），致力于研究局域网和城域网的物理层和MAC层中定义的服务和协议，对应OSI/RM网络参考模型的最低两层（即物理层和数据链路层）。

3.4　巩固练习

一、填空题

1. 常用的网络拓扑结构有_____、_____、_____、_____和网状。
2. IEEE 802标准中将数据链路层分为_____和_____两个子层。
3. CSMA/CD的中文名称为_____。
4. 工作在物理层的网络连接设备有_____和_____。
5. 工作在数据链路层的网络连接设备有_____和_____。

二、选择题

1. 网络中任何节点故障都不会造成全网故障，该网络的拓扑结构是（　　）。

A. 总线型　　　　　B. 星型　　　　　C. 环型　　　　　D. 树状

2. 下列关于环型拓扑结构说法不正确的是（　　）。

A. 故障隔离困难　　　　　　　　　B. 故障诊断困难

C. 实时性不强　　　　　　　　　　D. 扩展困难

3. 结构比较复杂，建设成本高，多用于广域网中，该网络的拓扑结构是（ ）。

A. 总线型　　　　　　B. 星型　　　　　　C. 环型　　　　　　D. 网状

4. IEEE 802.3 定义的介质访问控制方式是（ ）。

A. CSMA/CD　　　　B. Token Bus　　　　C. Token Ring　　　　D. ATM

5. 网卡地址用（ ）位二进制位来标识，表示时采用（ ）进制数描述。

A. 32　2　　　　　　B. 48　8　　　　　　C. 48　16　　　　　　D. 128　16

6. IEEE 802 为局域网规定的标准只对应于 OSI/RM 的（ ）。

A. 第一层　　　　　　　　　　　　　　B. 第二层

C. 第一层和第二层　　　　　　　　　　D. 第二层和第三层

7. 10Base-T 标准中，Base 代表的是（ ）。

A. 频带传输　　　　　　B. 基带传输　　　　　C. 宽带传输　　　　D. 以太网

8. 以太网采用的介质访问控制方式是（ ）。

A. CSMA/CD　　　　　B. 令牌总线　　　　　C. 令牌环　　　　　D. 局域网技术

9. 万兆以太网的数据传输方式是（ ）。

A. 宽带传输　　　　　　　　　　　　　B. 全双工传输

C. 单工传输　　　　　　　　　　　　　D. 半双工传输

10. 下列网络连接设备，工作在网络层的是（ ）。

A. 中继器　　　　　　B. 集线器　　　　　　C. 交换机　　　　　D. 路由器

三、简答题

1. 计算机网络的拓扑结构有哪些？各自的优缺点是什么？

2. 简述 CSMA/CD 的工作过程。

3. 简述网络中常用连接设备及其作用。

四、实训练习

1. 练习目的

（1）掌握利用交换机组建小型交换式对等网络的方法。

（2）掌握 Windows 10 操作系统中设置共享文件夹的方法。

（3）掌握 Windows 10 操作系统中设置共享打印机的方法。

2. 练习环境

（1）装有 Windows 10 操作系统的 PC 3 台。

（2）交换机 1 台。

（3）直通线 3 根。

（4）打印机 1 台。

3. 练习网络拓扑图

请参考图 3-16。

4. 练习要求

（1）利用直通线将 PC 连接到交换机上。

（2）在 3 台 PC 上进行 TCP/IPv4 属性设置，使 PC 之间能够互相通信。

PC1 配置：IP 地址为 172.16.10.10，子网掩码为 255.255.255.0；

PC2 配置：IP 地址为 172.16.10.20，子网掩码为 255.255.255.0；

PC3 配置：IP 地址为 172.16.10.30，子网掩码为 255.255.255.0。

（3）在 PC1 上新建一个名为 public 的文件夹，将其设置为共享文件夹。

（4）将连接在 PC1 上的打印机设置为共享打印机。

（5）在 PC2 和 PC3 上访问 PC1 上的共享文件夹。

（6）在 PC2 和 PC3 上访问 PC1 上的共享打印机。

项目 4

组建虚拟局域网

【项目导入】

佳明父亲的公司在发展过程中，员工越来越多，接入网络的节点也越来越多。在网络运行过程中，佳明父亲发现公司网速越来越慢，而且由于在原有网络组建时各部门信息都可以互通，一些重要信息存在泄露的风险，网络安全问题也亟需解决。

佳明为了解决这个困扰父亲多时的难题，认真梳理了自己学到的知识，发现可以使用划分虚拟局域网的方式来解决这个问题。虚拟局域网的工作原理是什么？虚拟局域网又是基于什么规则进行划分的呢？本项目将带领大家共同学习并完成虚拟局域网的划分。

【职业能力目标】

学习目标

➢ 了解共享式以太网的特点

➢ 掌握以太网交换机的工作过程

➢ 掌握以太网交换机的数据转发方式

➢ 掌握 VLAN 的定义、作用及划分方式

技能目标

➢ 能够完成交换机的基本配置操作

➢ 能够完成远程登录交换机的配置操作

➢ 能够完成基于端口划分 VLAN 的配置操作

素质目标

➢ 培养学生开拓创新、锐意进取的职业精神

4.1 知识要点

4.1.1 共享式以太网

最初以太网采用的拓扑结构是总线型拓扑，搭建这种网络的具体做法是采用同轴电缆将一系列终端设备连接在一起。由于所有终端设备都是由一根同轴电缆连接，因此当网络中有

多台设备同时发送数据时，这些终端设备发送出来的电信号就会在共享的传输介质上相互叠加产生干扰，这种现象称为冲突。这些同时发送数据造成冲突的设备即处于一个冲突域。冲突产生的后果就是每个发送方所发送的数据均无法被接收方正确识别。

在这种以太网环境中，要想保证发送方发送的数据能够不受干扰地传送给接收方，必须通过一种机制来确保整个网络中在同一时间只有一台设备在发送数据。这种为了避免冲突而诞生的机制称为介质访问控制方式。在总线型拓扑结构的以太网中采用的介质访问控制方式为带有冲突检测的载波侦听多路访问（CSMA/CD），其中多路访问（Multiple Access，MA）指多个节点通过竞争的方式共享相同传输介质的网络通信方式，这种介质访问控制方式的工作过程在项目 2 中已做过相应介绍，在此不再赘述。由于这个网络中所有设备使用相同的传输介质来发送数据，任一设备发送的数据都是以广播形式进行发送，从而使一台计算机发出的数据能够被网络中的所有其他计算机接收到，我们称这种以太网为共享式以太网。

集线器的问世让星型拓扑结构成为流行的以太网连接方式，但由于集线器只会不加区分地将数据向所有连接设备转发，因此，用集线器搭建的以太网在数据转发层面上与采用同轴电缆搭建的网络没有任何区别。这种网络依旧没有摆脱共享式以太网的窠臼，因为通过集线器相连的终端设备依旧处于同一个冲突域中，也依旧只能通过 CSMA/CD 来避免因同时发送数据造成的冲突。

在以太网日渐普及的过程中，共享式以太网的限制也逐渐显示出来。随着连接以太网终端设备数的增加，多台设备需要同时发送数据的概率也会随之增加，而在共享式以太网中，同一时刻只允许一台设备发送数据，数据传输效率会随着网络规模的增大而递减，进而限制了以太网的扩展性。

4.1.2　交换式以太网

交换式以太网是以交换式集线器（Switching Hub）或交换机（Switch）为中心组成，是一种星型拓扑结构网络。交换式以太网突破了集线器为中心设备的共享式以太网扩展性方面的限制，不需要改变网络其他硬件（包括电缆和用户的网卡），仅需要用交换式的交换机改变共享式的集线器，节省了用户网络升级方面的费用。交换式以太网在近年来得到广泛的应用。

交换机工作在数据链路层，它能够学习识别以太网数据帧的源 MAC 地址和目的 MAC 地址，并据此实现以太网数据帧的转发。交换机的每个端口都是一个冲突域。当局域网中一台设备需要向所有其他设备发送数据时，可以发送广播数据帧或广播数据包，其中广播数据帧能够到达的区域称为广播域。默认情况下一台交换机的所有端口都属于一个广播域。

交换式以太网可在高速与低速网络之间转换，实现不同网络的协同工作。目前，交换机的端口速率主要有 10 Mbit/s、100 Mbit/s、1 000 Mbit/s 和 10 GMbit/s。其中，10 Mbit/s 和 100 Mbit/s 的速率适用于工作组级别的应用，而 1 000 Mbit/s 和 10 GMbit/s 的速率则主要用于部门级以上或骨干级别的应用。交换式以太网同时提供多个通道，比传统的共享式集线器提供更多的带宽。传统的共享式 10 Mbit/s 和 100 Mbit/s 以太网采用广播式通信方式，每次只能在一对用户间进行通信，如果发生碰撞还得重新发送；而交换式以太网允许不同用户间同时进行通信，比如，一个 16 端口的以太网交换机允许 16 个站点在 8 条链路间通信。

4.1.3 以太网交换机的工作过程

以太网交换机是工作在数据链路层的网络设备，通常也称为二层交换机。交换机的每个端口就是一个冲突域，因此它可以起到隔离冲突域的作用。默认情况所有端口都处于一个广播域中。交换机在转发数据时具有自动学习功能，其具体工作过程如下。

（1）交换机通电后会自动建立一个端口地址表，也称 MAC 地址表。初始情况下，该 MAC 地址表为空。

（2）当交换机收到一个以太网帧数据帧时，会根据数据帧中的源 MAC 地址字段学习到发送设备的 MAC 地址，建立该 MAC 地址与对应端口号的映射关系，并将其写入到交换机的 MAC 地址表中。

（3）交换机根据数据帧中的目的 MAC 地址字段，查找 MAC 地址表。如果目的 MAC 地址存在于 MAC 地址表中，则直接找到与该 MAC 地址对应的端口号，将数据帧转发出去。

（4）如果目的 MAC 地址不在 MAC 地址表中，则向交换机中所有其他端口发送一个广播数据帧（目的 MAC 地址为 FFFF – FFFF – FFFF），询问是否有与目的 MAC 地址对应的主机连接在该交换机端口下。拥有目的 MAC 地址的主机收到广播数据帧后，发回单播数据帧回应信息，交换机将该 MAC 地址与其对应的端口号建立映射关系，写入到 MAC 地址表中，并将数据帧转发过去。

经过多次发送和接收信息后，交换机就能够将发送或接收过主机的 MAC 地址与其连接的端口号建立好映射关系，保存在 MAC 地址表中。当主机再次发送数据时，可直接从 MAC 地址表中找到目的 MAC 地址所对应的端口号，直接进行数据帧转发。

4.1.4 以太网交换机的数据帧转发方式

1. 直接转发

在直接转发方式中，交换机边接收边检测。一旦检测到目的 MAC 地址字段，交换机就立即将该数据帧转发出去，而不管数据帧是正确还是错误。出错检测任务由节点主机完成。这种转发方式的优点是交换延迟时间短；缺点是缺乏差错检测能力，不支持不同输入/输出速率的端口之间的数据转发。

2. 存储转发

在存储转发方式中，交换机首先要完整地接收站点发送的数据帧，并对数据帧进行差错检测。如果接收数据帧是正确的，再根据目的 MAC 地址确定输出端口号，将数据转发出去。这种转发方式的优点是具有差错检测能力，并能支持不同输入/输出速率端口之间的数据转发；缺点是交换延迟时间相对较长。

3. 碎片隔离转发

碎片隔离转发方式类似于将直接转发和存储转发交换结合起来，交换机会缓存数据帧的前 64 字节，在确保数据帧的长度不小于 64 字节后，再进行数据转发。这种方式对于短数据帧来说，交换延迟与直接转发方式比较接近；对于长数据帧来说，由于只检测前 64 字节，因此与存储转发方式相比，交换延迟时间大幅减少。

4.1.5 虚拟局域网

虚拟局域网（Virtual Local Area Network，VLAN）包括了一组逻辑上的设备和用户，这些设备和用户并不受物理位置的限制，可以根据功能、部门及应用等因素将它们组织起来，相互之间的通信就好像它们在同一个网段中，因此称为"虚拟"局域网。目前以交换机为核心组建的局域网多采用广播式的通信方式，局域网中所有主机同处于一个广播域中，从这个角度可以为一个虚拟局域网也是一个广播域。不同 VLAN 之间的主机进行通信，需要通过路由器或三层交换机等三层设备来完成。

1. 虚拟局域网的作用

虚拟局域网的作用有以下几个。

（1）限制网络广播风暴，增加广播域的数量，减少广播域的大小。将网络划分为多个 VLAN，可减少其参与广播风暴的设备数量。VLAN 分段可以防止广播风暴波及整个网络。VLAN 可以提供建立防火墙的机制，防止交换网络的过量广播。使用 VLAN，可以将某个交换端口或用户赋予某一个特定的 VLAN 组，该 VLAN 组可以在一个交换网络中跨接多个交换机，一个 VLAN 中的广播不会送到 VLAN 之外。同样，相邻的端口不会收到其他 VLAN 产生的广播。这样可以减少广播流量，释放带宽给用户应用，减少广播的产生。

（2）增强局域网的安全性。VLAN 分段可使含有敏感数据的用户组与网络的其他部分隔离开，从而减少泄漏机密信息的可能性。不同 VLAN 内的数据帧在传输时是相互隔离的，即一个 VLAN 内的用户不能和其他 VLAN 内的用户直接通信；如果不同 VLAN 要进行通信，则需要通过路由器或三层交换机等三层设备。

（3）便于实现对网络的管理和控制。借助 VLAN 技术，能将不同地点、不同网络、不同用户组合在一起，形成一个虚拟的网络环境，就像使用本地局域网一样方便、灵活、有效。VLAN 可以降低移动或变更工作站地理位置的管理费用，特别是当一些业务情况有经常性变更的公司使用了 VLAN 后，这部分管理费用会大大降低。

2. VLAN 的划分方式

VLAN 可以按端口、MAC 地址、网络层或 IP 组播等方式进行划分。在实际应用中，前两种 VLAN 划分方式用得比较多。

（1）按端口划分 VLAN。

目前，许多 VLAN 厂商都利用交换机的端口来划分 VLAN 成员，基于端口划分 VLAN 就是将交换机的某些端口划分为一个 VLAN，被设定的端口就处于同一个广播域中。图 4 - 1 所示为单交换机基于端口划分 VLAN，一个交换机的 2、14、20 端口被划分为 VLAN2，同一交换机的 4、16、18 端口被划分为 VLAN3。这样划分之后，同属于一个 VLAN 的各端口之间可以直接通信，这种划分模式将虚拟局域网限制在了一台交换机上。第二代端口 VLAN 技术允许跨越多个交换机的多个不同端口划分 VLAN，不同交换机上的若干个端口也可以组成同一个虚拟网。图 4 - 2 所示为跨交换机基于端口划分 VLAN，一台交换机的 10、16 号端口与另一台交换机的 9、15 号端口被划分到 VLAN2，它的 12、14 号端口与另一台交换机的

11、13 号端口被划分到 VLAN3。这样划分之后，虽然不在同一台交换机下，同属于一个 VLAN 的各端口之间也可以互相通信。

图 4-1　单交换机基于端口划分 VLAN

图 4-2　跨交换机基于端口划分 VLAN

以交换机端口来划分网络成员，其配置过程简单明了。从目前来看，按端口划分 VLAN 仍然是最常用的一种方式。

（2）按 MAC 地址划分 VLAN。

根据每台主机的 MAC 地址划分 VLAN，即对每台主机都基于它的 MAC 地址将其划分到相应的 VLAN 中。这种划分 VLAN 的方法的最大优点就是当用户物理位置移动时，即从一个交换机换到其他的交换机时，VLAN 不用重新配置。因此，可以认为这种根据 MAC 地址的划分方式是基于用户的 VLAN，这种方法的缺点是初始化时所有的用户都必须进行配置，如果有几百个甚至上千个用户，配置过程是非常烦琐的。另外，这种划分方法也导致了交换机执行效率的降低，因为每个交换机的端口都可能存在很多个 VLAN 组成员，这样就无法限制广播包。另外，对于使用笔记本电脑的用户来说，他们可能经常更换网卡，因此 VLAN 就必须不停地进行配置。

（3）按网络层划分 VLAN。

这种划分 VLAN 的方法是根据每个主机的网络层地址或协议类型划分，而不是根据路由划分。

这种 VLAN 划分方式适合广域网，基本不用在局域网中。

（4）按 IP 组播划分 VLAN。

IP 组播实际上也是一种 VLAN 的定义，即认为一个组播组就是一个 VLAN。这种划分方式将 VLAN 扩大到了广域网，不适合局域网，因为企业网络的规模尚未达到如此大的规模。

由 VLAN 划分的依据来看，并不是所有的 VLAN 划分方式都适合于所有网络。对 VLAN 有了全面认识后，我们在进行 VLAN 划分时需要能够根据自己所处的网络环境做出是否需要划分 VLAN 及采用何种划分方式对其进行划分的准确判断。

4.1.6　交换机的管理与基本配置

1. 熟悉命令行视图模式

为便于用户使用这些命令，华为交换机按功能分类将命令分别注册在不同的命令行视图下。配置某一功能时，需首先进入对应的命令行视图，然后执行相应的命令进行配置。常用命令行视图名称及其功能见表 4 − 1。

eNSP 简介

表 4 − 1　常用命令行视图名称及其功能

常用命令行视图名称	进入命令行视图	命令行视图功能
用户视图	用户从终端成功登录至设备即进入用户视图，在屏幕上显示： 〈Huawei〉	在用户视图下，用户可以查看运行状态和统计信息等功能
系统视图	在用户视图下，输入命令 system − view 后按 Enter 键，进入系统视图。 〈Huawei〉system − view Enter system view, return user view with Ctrl + Z. ［Huawei］	在系统视图下，用户可以配置系统参数以及通过该视图进入其他的功能配置视图
接口视图	使用 interface 命令并指定接口类型及接口编号，可以进入相应的接口视图： ［Huawei］interface GigabitEthernet X/Y/Z ［Huawei − GigabitEthernetX/Y/Z］ 说明： X/Y/Z 为需要配置的接口编号，分别对应"堆叠 ID/子卡号/接口序号"。上述举例中 GigabitEthernet 接口仅为示意	配置接口参数的视图称为接口视图。在该视图下可以配置接口相关的物理属性、链路层特性及 IP 地址等重要参数

注意事项：

（1）本项目中对交换机管理配置知识的讲解以华为交换机的配置举例，实验环境的搭建使用的是华为官方的 eNSP 模拟器。

（2）命令行提示符 Huawei 是默认的主机名。通过提示符可以判断当前所处的视图，如"＜＞"表示用户视图，"［］"表示除用户视图以外的其他视图。执行 quit 命令，可从当前视图退出至上一层视图；按 Ctrl＋Z 组合键或使用 return 命令，会从当前视图模式直接退回到用户视图模式。

2. 编辑命令行时的操作技巧

编辑命令行时的操作技巧如下：

（1）编辑命令行时字母不区分大小写。

（2）设备支持不完整关键字输入，即在当前视图下，当输入的字符能够匹配唯一的关键字时，可以不必输入完整的关键字。

例如，display current – configuration 命令，输入 d cu、di cu 或 dis cu 等都可以执行此命令。

（3）Tab 键的使用。输入不完整的关键字后按 Tab 键，系统会自动补全关键字。

• 如果与之匹配的关键字唯一，则系统用此完整的关键字替代原输入并换行显示，光标距词尾空一格。

• 如果与之匹配的关键字不唯一，反复按 Tab 键可循环显示所有以输入字符串开头的关键字，此时光标和词尾之间不空格。

（4）使用命令行在线帮助。用户在使用命令行时，可以使用在线帮助以获取实时帮助，从而无需记忆大量的复杂的命令。在线帮助通过键入"？"来获取，在命令行输入过程中，用户可以随时键入"？"以获得在线帮助。

（5）使用 undo 命令行。在命令行前加 undo 关键字，即为 undo 命令行。undo 命令行一般用来恢复默认情况、禁用某个功能或者删除某项配置。绝大多数的配置命令均有对应的 undo 命令行。

（6）设备能够自动保存用户键入的历史命令。当用户需要输入之前已经执行过的命令时，可以调用设备保存的历史命令。默认情况下，系统为每个登录用户保存 10 条历史命令。可以通过 history – command max – size $size - value$ 命令在相应的用户界面视图下重新设置保存历史命令的条数，最大设置为 256。可使用 display history – command 显示当前用户输入的历史命令；使用上方向键或者按 Ctrl＋P 组合键访问上一条历史命令；使用下方向键或者按 Ctrl＋N 组合键访问下一条历史命令。

注意

在华为 eNSP 模拟器中 history – command max – size size – value 命令无法执行验证。

3. 登录系统

当用户需要为第一次通电的设备进行配置时，可以通过 Console 口登录设备。PC 端可通过设备的 Console 口登录，实现对第一次通电的设备进行基本配置和管理。在配置通过 Console 口登录设备之前，需要完成以下任务：

- 设备正常通电。
- 准备好 Console 通信电缆。
- 准备好 PC 终端仿真软件。

其操作步骤如下：

（1）图 4-3 所示为通过 Console 口连接设备，将 Console 通信电缆的 DB9（孔）插头插入 PC 的 COM 口中，再将 RJ-45 插头端插入设备的 Console 口中。

图 4-3　通过 Console 口连接设备

（2）在 PC 上打开终端仿真软件，设置连接的接口以及通信参数。（此处以第三方软件 SecureCRT 为例进行介绍），单击按钮，新建连接，如图 4-4 所示。

（3）图 4-5 所示为设置连接的接口及通信参数。终端软件的通信参数需要与设备默认值保持一致。数据传输速率为 9 600 bit/s、8 位数据位、1 位停止位、无校验和无流控。

图 4-4　新建连接

图 4-5　设置连接的接口以及通信参数

（4）单击"Connect"按钮，终端界面会出现如下显示信息，提示用户配置登录密码。设备默认用户名为 admin，密码为 admin@huawei。

```
Login authentication

Username:admin
Password:
<Huawei>
Info: The entered password is the same as the default.You are advised to change it
to ensure security.
```

4. 交换机配置常用基本命令
（1）视图模式切换。

```
<Huawei>system-view                              #切换到系统视图
Enter system view, return user view with Ctrl+Z.
                                                 #按 Ctrl+Z 组合键,返回用户视图
[Huawei]interface e0/0/1                         #切换到接口视图
[Huawei-Ethernet0/0/1]                           #在此视图下可配置接口相关的参数
[Huawei]user-interface vty 0 4                   #切换到虚拟终端视图
[Huawei-ui-vty0-4]                               #在此视图下可配置远程登录口令
[Huawei]interface vlanif 1                        #进入 vlan1 逻辑端口视图
[Huawei-Vlanif1]                                 #在此视图下可配置 IP 地址
```

（2）查看交换机配置信息。

```
[Huawei]display version                           #查看交换机版本信息
[Huawei]display current-configuration             #查看当前配置信息
[Huawei]display this                              #查看当前视图下生效的配置信息
[Huawei]display interface e0/0/1                  #查看端口 E0/0/1 的配置信息
[Huawei]display vlan                              #查看 VLAN 的划分信息
[Huawei]display mac-address                       #查看 MAC 地址表
```

（3）保存当前配置信息。

```
<Huawei>save                                              #保存当前配置信息
The current configuration will be written to the device.
Are you sure to continue? [Y/N]y                         #输入"y"
Info: Please input the file name (*.cfg,*.zip)[vrpcfg.zip]:  #按 Enter 键确认
Now saving the current configuration to the slot 0.
Save the configuration successfully.                     #提示成功保存配置
```

（4）删除配置信息。

```
<Huawei>reset saved-configuration                        #删除保存的配置信息
Warning: The action will delete the saved configuration in the device.
The configuration will be erased to reconfigure.Continue? [Y/N]:y   #输入"y"
Warning: Now clearing the configuration in the device.
Info: Succeeded in clearing the configuration in the device.   #提示成功删除配置
```

（5）重启交换机。

```
<Switch>reboot
Info：The system is now comparing the configuration, please wait.
Warning：All the configuration will be saved to the configuration file for the n
ext startup:flash:/vrpcfg.zip, Continue? [Y/N]:y        #输入"y"确认
Now saving the current configuration to the slot 0.
Save the configuration successfully.
Info：If want to reboot with saving diagnostic information, input 'N' and then e
xecute 'reboot save diagnostic-information'.
System will reboot! Continue? [Y/N]:y                #输入y确认重启
<Switch>                                             #完成重启
```

在输入配置命令前，一定要看好当前所处的视图模式，否则会出现命令不能识别的情况。

5. 划分 VLAN 的操作步骤

（1）进入系统视图。

```
<Huawei> system-view
```

（2）创建 VLAN 并进入 VLAN 视图。

```
[Huawei]vlan vlan-id        #VLAN ID 的取值范围是 1~4094
```

（3）返回系统视图。

```
[Huawei-vlan-id]quit
```

（4）进入需要加入 VLAN 的以太网接口视图。

```
[Huawei]interface interface-type interface-number
```

（5）配置以太网接口的链路类型。

```
[Huawei-Ethernet0/0/1]port link-type { access |dot1q-tunnel |hybrid |trunk }
```

在默认情况下，接口的链路类型为 Hybrid。如果以太网接口直接与终端连接，该接口类型可以是 Access 类型，也可以使用 Hybrid；如果以太网接口与另一台交换机设备的接口连接，该接口类型可以是 Trunk 类型，也可以使用 Hybrid。

（6）关联接口和 VLAN。以下步骤，请根据需要任选一种。

Access 类型接口：执行命令 port default vlan vlan-id，将接口加入指定的 VLAN 中。如果需要批量将接口加入 VLAN，可在 VLAN 视图下执行命令 port interface-type {interface-number1 [to interface-number2]} & <1-10>，向 VLAN 中添加一个或一组接口。

Trunk 类型接口：执行命令 port trunk allow-pass vlan {{vlan-id1 [to vlan-id2]} &

<1 - 10 > ｜ all ｝，将接口加入指定的 VLAN 中。（可选）执行命令 port trunk pvid vlan vlan - id，配置 Trunk 类型接口的默认 VLAN。

当接口下通过的 VLAN 配置为接口的缺省 VLAN 时，该 VLAN 对应的报文将以 Untagged 方式进行转发。也就是说，接口是以 Untagged 方式加入该 VLAN 的。

Hybrid 类型接口：选择执行其中一个步骤配置 Hybrid 接口加入 VLAN 的方式。

执行命令 port hybrid untagged vlan ｛｛vlan - id1 ［to vlan - id2］｝& < 1 - 10 > ｜ all ｝，将 Hybrid 接口以 Untagged 方式加入 VLAN。Untagged 方式是指接口在发送帧时会将帧中的 Tag 剥掉，适用于以太网接口直接与终端连接。

执行命令 port hybrid tagged vlan ｛｛vlan - id1 ［to vlan - id2］｝& < 1 - 10 > ｜ all ｝，将 Hybrid 接口以 Tagged 方式加入 VLAN。Tagged 方式是指接口在发送帧时不将帧中的 Tag 剥掉，适用于以太网接口与另一台交换机设备的接口连接。（可选）执行命令 port hybrid pvid vlan vlan - id，配置 Hybrid 类型接口的默认 VLAN ID。默认情况下，默认 VLAN 是 VLAN1。

6. Trunk 技术。

在路由/交换领域，VLAN 的中继端口称为 Trunk。Trunk 技术用于交换机与交换机之间的互联，它可以使不同 VLAN 通过共享链路与其他交换机中的相同 VLAN 进行通信。交换机之间互连的端口就称为 Trunk 端口。Trunk 是基于 OSI 第二层——数据链路层的技术。如果两台交换机上分别创建了多个 VLAN（VLAN 是基于 Layer 2 的），相同的 VLAN（如 VLAN2）要通信，则需要将交换机 A 上属于 VLAN2 的一个端口与交换机 B 上属于 VLAN2 的一个端口互连；如果这两台交换机上其他相同 VLAN 间也需要通信，则交换机之间需要更多的互连线，端口利用率太低。通过 Trunk 技术，只需要两台交换机之间有一条互连线，将互连线的两个端口设置为 Trunk 模式，这样就可以使交换机上不同 VLAN 共享这条线路。

Trunk 技术不能实现不同 VLAN 之间的通信，如果不同 VLAN 之间需要通信，必须通过三层设备（路由器/三层交换机）实现。

4.2　实训任务

4.2.1　首次登录交换机的基本配置

1. 任务目标

（1）配置系统时区、日期和时间。

（2）配置设备名称和管理 IP 地址。

（3）配置 Telnet 远程登录，Telnet 用户级别为 15 级，认证方式为 password。

（4）对配置的 Telnet 远程登录进行登录验证。

首次登录交换机的基本配置

2. 任务环境

任务拓扑图，即首次登录交换机的基本配置拓扑图，如图4－6所示。

图4－6　首次登录交换机的基本配置拓扑图

3. 任务实施

步骤1：通过Console口登录设备。

步骤2：配置系统的时区、日期和时间。

```
<Huawei> clock timezone BJ add 08:00:00
#配置交换机的时区为北京时区(东八区)
<Huawei> clock datetime 20:10:0 2024 - 05 - 26
#配置交换机的当前日期和时间为2024年5月26日20点10分
```

步骤3：配置设备名称。

```
<Huawei> system - view
[Huawei] sysname Switch
```

步骤4：配置设备管理地址。

```
[Switch] interface vlanif 1
[Switch -Vlanif1] ip address 192.168.1.1 24
[Switch -Vlanif1]display this
#
interface Vlanif1
 ip address 192.168.1.1 255.255.255.0
#
return
[Switch Vlanif1] quit
```

步骤5：设置Telnet用户的级别和认证方式。

```
[Switch] telnet server enable
#使能Telnet服务功能,该功能默认已启动,可不进行配置。
[Switch] user - interface vty 0 4
[Switch -ui -vty0 -4] user privilege level 15
#配置远程登录的用户级别为15
[Switch -ui -vty0 -4] authentication -mode password
#配置telnet远程登录时,使用密码方式认证
```

```
[Switch-ui-vty0-4]set authentication password cipher huawei@123
#配置 telnet 远程登录时的密码为 huawei@123
[Switch-ui-vty0-4]display this
#
user-interface con 0
user-interface vty 0 4
user privilege level 15
set authentication password cipher 5qtK/eYb#N\q+MM/;Y¦$_Au##
```

步骤 6：验证配置结果。

（1）完成以上配置后，可以从 PC2 上以 Telnet 方式远程登录设备。

（2）进入 Windows 操作系统的命令行提示符，并执行相关命令，通过 Telnet 方式登录设备。

```
C:\Documents and Settings\Administrator > telnet 192.168.1.1
```

（3）按 Enter 键，在登录窗口输入用户名和密码，验证通过后，出现用户视图的命令行提示符，说明远程登录成功。

```
Login authentication
Password:
Info: The max number of VTY users is 15, and the number
       of current VTY users on line is 1.
<Switch>
```

4. 注意事项

• 利用 PC2 登录设备时，使用的用户名和密码要和设备的配置保持一致。

• 在 PC2 上执行 Telnet 操作时，必须保证 PC2 与交换机能够正常通信。

• 输入密码时，终端屏幕上不会有任何提示，如果密码不正确，在按 Enter 键确认时会弹出相应的错误提示信息。

• 在华为 eNSP 模拟器中来验证 Telnet 远程登录配置时，需要使用路由器来模拟 PC2（模拟器中的 PC 无法执行 Telnet 命令）。将路由器与交换机连接，在模拟 PC2 的路由器端口上配置与交换机管理地址处于同一网络的 IP 地址（如 192.168.1.2/24），使其与被登录的交换机能够正常通信即可。

4.2.2 单交换机下基于端口划分 VLAN

1. 任务目标

（1）掌握 VLAN 划分的命令。

（2）掌握查看 VLAN 配置的命令。

（3）测试 VLAN 划分后各 PC 间的通信情况。

基于端口
划分 VLAN

2. 任务环境

任务拓扑图即单交换机下基于端口划分 VLAN 拓扑图，如图 4-7 所示。

图 4 – 7　单交换机下基于端口划分 VLAN 拓扑图

3. 任务实施

步骤 1：硬件连接。

（1）按图 4 – 7 所示，利用配置线将 PC2 的 COM1 端口与交换机的 Console 端口连接起来，实现由 PC2 对交换机进行配置管理。

（2）用直通线将 PC1、PC2、PC11 和 PC12 分别连接到交换机的 E0/0/1、E0/0/2、E0/0/11 和 E0/0/12 端口上。

步骤 2：配置 PC1、PC2、PC11 和 PC12 的 IP 地址和子网掩码。

PC1 的 IP 地址：192.168.1.1，子网掩码：255.255.255.0

PC2 的 IP 地址：192.168.1.2，子网掩码：255.255.255.0

PC11 的 IP 地址：192.168.1.11，子网掩码：255.255.255.0

PC12 的 IP 地址：192.168.1.12，子网掩码：255.255.255.0

步骤 3：测试 4 台 PC 之间的连通性，将结果填入表 4 – 2 中。

表 4 – 2　各 PC 之间的连通性（VLAN 划分前）

PC	PC1	PC2	PC11	PC12
PC1	–			
PC2		–		
PC11			–	
PC12				–

步骤 4：划分 VLAN。

（1）在 PC2 打开超级终端，新建 VLAN 10 和 VLAN 20。

```
<Huawei > system - view                      #切换到系统视图
[Huawei]sysname Switch                       #配置交换机名为 Switch
[Switch]vlan batch 10 20                      #新建 VLAN10 和 VLAN20
Info: This operation may take a few seconds. Please wait for a moment...done.
[Switch]vlan 10                              #切换到 VLAN10 视图
[Switch - vlan10]description Sales           #配置 VLAN10 的描述信息为 Sales
[Switch - vlan10]vlan 20                      #切换到 VLAN20 视图
[Switch - vlan20]description Finance         #配置 VLAN20 的描述信息为 Finance
[Switch - vlan20]quit
```

（2）将 E0/0/1 – E0/0/10 端口划分到 VLAN 10 中，E0/0/11 – E0/0/20 端口划分到 VLAN 20 中。

```
[Switch]interface e0/0/1                          #切换到接口视图
[Switch - Ethernet0/0/1]port link - type access   #配置端口的链路类型为 access
[Switch - Ethernet0/0/1]port default vlan 10      #配置端口的默认 VLAN
[Switch - Ethernet0/0/1]quit
[Switch]interface e0/0/2
[Switch - Ethernet0/0/2]port link - type access   #配置端口的链路类型为 access
[Switch - Ethernet0/0/2]port default vlan 10      #配置端口的默认 VLAN
[Switch - Ethernet0/0/2]quit
#E0/0/3 - E0/0/10 接口视图下的配置命令与上述配置命令类似,不再赘述。
[Switch]port - group 1                            #新建端口组 1
[Switch - port - group - 1]group - member Ethernet 0/0/11 to Ethernet 0/0/20
#配置端口组 1 中的成员端口号
[Switch - port - group - 1]port link - type access  #配置端口组 1 的链路类型
[Switch - port - group - 1]port default vlan 20     #配置端口组 1 的默认 VLAN
[Switch - port - group - 1]quit
```

（3）查看 VLAN 划分后的配置信息。

```
[Switch]display vlan                              #查看交换机的 VLAN 配置信息
The total number of vlans is : 3
 --------------------------------------------------------------------------
---------------
U: Up;           D: Down;          TG: Tagged;           UT: Untagged;
MP: Vlan - mapping;               ST: Vlan - stacking;
#: ProtocolTransparent - vlan;    * : Management - vlan;
 --------------------------------------------------------------------------
---------------
VID  Type  Ports
 --------------------------------------------------------------------------
---------------
1   common  UT:Eth0/0/21(D)   Eth0/0/22(D)   GE0/0/1(D)     GE0/0/2(D)
10  common  UT:Eth0/0/1(U)    Eth0/0/2(U)    Eth0/0/3(D)    Eth0/0/4(D)
            Eth0/0/5(D)       Eth0/0/6(D)    Eth0/0/7(D)    Eth0/0/8(D)
            Eth0/0/9(D)       Eth0/0/10(D)
20  common  UT:Eth0/0/11(D)   Eth0/0/12(D)   Eth0/0/13(D)   Eth0/0/14(D)
            Eth0/0/15(D)      Eth0/0/16(D)   Eth0/0/17(D)   Eth0/0/18(D)
            Eth0/0/19(D)      Eth0/0/20(D)
```

```
VID  Status  Property     MAC-LRN Statistics Description
-------------------------------------------------------------------
---------------
1    enable  default      enable  disable     VLAN 0001
10   enable  default      enable  disable     Sales
20   enable  default      enable  disable     Finance
```

步骤5：测试各 PC 之间的连通性，将结果填入表 4-3 中。

表 4-3　各 PC 之间的连通性（VLAN 划分后）

PC	PC1	PC2	PC11	PC12
PC1	-			
PC2		-		
PC11			-	
PC12				-

4. 注意事项

（1）基于端口划分 VLAN 时，一定要先规划并创建好 VLAN，再将端口划分到相应的 VLAN 中，否则系统会提示 "The VLAN does not exist." 的错误。

（2）将 PC 端连接到交换机上时，一定要注意连接交换机的端口号，避免出现将其他未连接的端口划分到 VLAN 中的情况。

（3）为方便日后的网络管理，建议养成给 VLAN 配置描述信息的习惯。

4.2.3　跨交换机基于端口划分 VLAN

1. 任务目标

（1）掌握 VLAN 划分命令的作用。

（2）掌握 Trunk 链路类型的配置。

（3）实现多交换机下属于同一个 VLAN 主机之间的通信。

2. 任务环境

任务拓扑图，即跨交换机基于端口划分 VLAN 拓扑图，如图 4-8 所示。

3. 任务实施

步骤1：配置 PC1、PC、PC3 和 PC4 的 IP 地址和子网掩码。

PC1 的 IP 地址：192.168.2.1，子网掩码：255.255.255.0

PC2 的 IP 地址：192.168.2.2，子网掩码：255.255.255.0

PC3 的 IP 地址：192.168.2.3，子网掩码：255.255.255.0

PC4 的 IP 地址：192.168.2.4，子网掩码：255.255.255.0

步骤2：在 SwitchA 创建 VLAN2 和 VLAN3，并将连接用户的接口分别加入 VLAN。SwitchB 的配置与 SwitchA 类似，此处不再赘述。

图 4 − 8　跨交换机基于端口划分 VLAN 拓扑图

```
<Huawei > system – view
[Huawei] sysname SwitchA
[SwitchA] vlan batch 2 3
[SwitchA] interface Ethernet 0 / 0 / 1
[SwitchA – Ethernet0 / 0 / 1] port link – type access
[SwitchA – Ethernet0 / 0 / 1] port default vlan 2
[SwitchA – Ethernet0 / 0 / 1] quit
[SwitchA] interface Ethernet 0 / 0 / 2
[SwitchA – Ethernet0 / 0 / 2] port link – type access
[SwitchA – Ethernet0 / 0 / 2] port default vlan 3
[SwitchA – Ethernet0 / 0 / 2] quit
[SwitchA]display vlan                                        #查看 VLAN 配置信息
The total number of vlans is : 3
---------------------------------------------------------------
----------------
U: Up;            D: Down;            TG: Tagged;            UT: Untagged;
MP: Vlan – mapping;                   ST: Vlan – stacking;
#: ProtocolTransparent – vlan;     * : Management – vlan;
---------------------------------------------------------------
----------------
VID  Type  Ports
---------------------------------------------------------------
----------------
1    common  UT:Eth0 / 0 / 3(D)      Eth0 / 0 / 4(D)      Eth0 / 0 / 5(D)      Eth0 / 0 / 6(D)
                Eth0 / 0 / 7(D)      Eth0 / 0 / 8(D)      Eth0 / 0 / 9(D)      Eth0 / 0 / 10(D)
                Eth0 / 0 / 11(D)     Eth0 / 0 / 12(D)     Eth0 / 0 / 13(D)     Eth0 / 0 / 14(D)
                Eth0 / 0 / 15(D)     Eth0 / 0 / 16(D)     Eth0 / 0 / 17(D)     Eth0 / 0 / 18(D)
                Eth0 / 0 / 19(D)     Eth0 / 0 / 20(D)     Eth0 / 0 / 21(D)     Eth0 / 0 / 22(D)
                GE0 / 0 / 1(D)       GE0 / 0 / 2(D)
2    common  UT:Eth0 / 0 / 1(D)
3    common  UT:Eth0 / 0 / 2(D)
VID  Status  Property      MAC – LRN Statistics Description
---------------------------------------------------------------
----------------
1    enable  default       enable   disable     VLAN 0001
2    enable  default       enable   disable     VLAN 0002
3    enable  default       enable   disable     VLAN 0003
```

步骤 3：配置 SwitchA 与 SwitchB 对端接口的链路类型及在该条链路上允许通过的 VLAN。SwitchB 的配置与 SwitchA 类似，不再赘述。

```
[SwitchA] interface Ethernet 0/0/3
[SwitchA-Ethernet0/0/3] port link-type trunk          #配置端口的链路类型为 Trunk
[SwitchA-Ethernet0/0/3] port trunk allow-pass vlan 2 3      #配置允许通过的 VLAN
[SwitchA-Ethernet0/0/3] undo port trunk allow-pass vlan 1
#配置禁止通过的 VLAN
[Switch-Ethernet0/0/3]display this
#
interface Ethernet0/0/3
  port link-type trunk
undo port trunk allow-pass vlan 1
port trunk allow-pass vlan 2 to 3
#
return
```

4. 注意事项

（1）注意交换机端口链路类型的配置。一般将交换机与 PC 端相连的链路类型配置为 Access，将交换机与交换机相连的链路类型配置为 Trunk 或 Hybrid。

（2）注意配置在 Trunk 链路上允许通过的 VLAN。

（3）其他注意事项同实训任务 4.2.1。

步骤 4：测试各 PC 之间的连通性，将验证结果填入表 4-4 中。

表 4-4　各 PC 之间的连通性

PC	PC1	PC2	PC3	PC4
PC1	–			
PC2		–		
PC3			–	
PC4				–

4.3　拓展阅读

服务器虚拟化技术与 VXLAN 技术

1. 服务器虚拟化技术

传统的数据中心物理服务器利用率太低，平均只有 10%~15%，浪费了大量的电力能源和机房资源。服务器虚拟化技术可以把一台物理服务器虚拟化成多台逻辑服务器，这种逻辑服务器被称为虚拟机 VM（Virtual Machine）。每个 VM 都可以独立运行，有自己的操作系统、App，当然也有自己独立的 MAC 地址和 IP 地址，它们通过服务器内部的虚拟交换机

（vSwitch）与外部实体网络连接。通过服务器虚拟化技术，可以有效地提高服务器的利用率，降低能源消耗，降低数据中心的运营成本。

服务器虚拟化技术的广泛部署，极大地增加了数据中心的计算密度。为了实现业务的灵活变更、灵活调配服务器资源，或者对物理服务器进行维修和升级，虚拟机 VM 需要能够在网络中实现动态迁移，即在保证虚拟机上服务正常运行的同时，将一个虚拟机系统从一个物理服务器移动到另一个物理服务器上。在虚拟机动态迁移过程中，为了保证业务不中断，不仅要求虚拟机的 IP 地址不变，而且虚拟机的运行状态也必须保持原状（例如 TCP 会话状态）。在传统的网络架构下，虚拟机的动态迁移只能在同一个二层域中进行，而不能跨二层域迁移。

2. VXLAN 技术

VXLAN（虚拟可扩展局域网），是一种虚拟化隧道通信技术，是一种 Overlay（覆盖网络）技术，通过三层的网络来搭建虚拟的二层网络。传统的二三层网络架构限制了虚拟机的动态迁移范围，迁移只能在一个较小的局部范围内进行，服务器虚拟化技术应用受到了极大的限制。由于 VXLAN 技术能够很好地满足数据中心虚拟机动态迁移和多租户等需求，现在已经成为构建数据中心的主流技术。

VXLAN 采取了将原始以太网报文封装在 UDP 数据包里的封装格式。将原来的二层数据帧加上 VXLAN 头部一起封装在一个 UDP 数据包里。VXLAN 头部包含有一个 VXLAN 标识（即 VNI，VXLAN Network Identifier），只有在同一个 VXLAN 上的虚拟机之间才能相互通信。VNI 在数据包中占 24 比特，故可支持 1 600 万个 VXLAN 的同时存在，远多于 VLAN 的 4094 个，因此可适应大规模租户的部署。

4.4　巩固练习

一、填空题

1. 以太网交换机是工作在 OSI/RM 中的_____层的设备。

2. 以太网交换机的每个端口是一个_____域，默认情况下所有端口都处于一个____
___域。

3. 虚拟局域网又称为_____，它包括了一组逻辑上的设备和用户。一般来说，一个虚拟局域网就是一个_____域。

4. 配置交换机时由用户视图进入系统视图的命令是_____，退回到用户视图模式的组合键是_____。

5. 配置交换机时，可用_____键实现命令的自动补齐，利用_____可查阅以前输入的命令。

二、选择题

1. 使用集线器搭建的以太网，通过（　　　）避免因同时发送数据产生的冲突。

A. CSMA/CD　　　　　B. Token – Bus　　　　　C. Token Ring　　　　　D. VLAN

2. 通过交换机发送广播数据帧时，目的 MAC 地址为（　　　）。

A. 0000 – 0000 – 0000 – 0000   B. FFFF – FFFF – FFFF

C. 0. 0. 0. 0   D. 255. 255. 255. 255

3. 以太网交换机的数据转发方式中，交换延迟时间最短的是（   ）。

A. 直接交换方式   B. 存储转发方式

C. 碎片隔离方式   D. 帧交换方式

4. 以太网交换机的碎片隔离方式中，交换机需确保转发数据帧的长度不小于（   ）字节。

A. 16   B. 32   C. 64   D. 128

5. 下列不属于华为以太网交换机中的端口类型的是（   ）。

A. access   B. trunk   C. mac   D. hybrid

6. 连接主机的交换机端口类型一般配置为（   ）。

A. access   B. trunk   C. mac   D. hybrid

7. 两台以太网交换机互连时，两端口的类型一般配置为（   ）。

A. access   B. trunk

C. mac   D. hybrid

8. 下列选项中，（   ）表示当前处于命令行的系统视图下。

A. ＜ Huawei ＞   B. ［Huawei］

C. ［Huawei – vlan10］   D. ［Huawei – Ethernet0/0/1］

9. 下列选项中，（   ）视图下可以配置 IP 地址。

A. ［Huawei］   B. ［Huawei – vlan10］

C. ［Huawei – Ethernet0/0/1］   D. ［Huawei – vlanif10］

10. 下列划分 VLAN 的方式中，（   ）当交换机从一个交换机转到其他交换机时，VLAN 不用重新配置。

A. 按端口划分   B. 按 IP 地址划分

C. 按 MAC 地址划分   D. 按 IP 组播划分

三、简答题

1. 简述共享式以太网与交换式以太网的区别。

2. 简述以太网交换机的自动学习机制。

3. 简述虚拟局域网的定义、作用和划分方式。

四、实训练习

1. 练习目的

（1）掌握基于端口划分 VLAN 的配置命令。

（2）掌握跨交换机 VLAN 间通信的配置命令。

2. 练习环境

现有 2 台 S3700 交换机，4 台 PC 互相连接，其物理端口连接情况见表 4 – 5。PC1（172. 16. 10. 1/24）和 PC2（172. 16. 10. 2/24）同属于 VLAN 10，PC3（172. 16. 20. 1/24）和 PC4（172. 16. 20. 2/24）同属于 VLAN 20，要求实现属于同一 VLAN 主机之间的互相通信。

表4-5　物理端口连接配置表

设备名称	设备接口	目标设备	设备接口
SWA	E0/0/1	PC1	E0/0/1
SWA	E0/0/2	PC3	E0/0/1
SWA	E0/0/22	SWB	E0/0/22
SWB	E0/0/1	PC2	E0/0/1
SWB	E0/0/2	PC4	E0/0/1
SWB	E0/0/22	SWA	E0/0/22

3. 练习拓扑图（图4-9）

图4-9　交换机配置练习拓扑图

4. 练习要求

（1）配置两台交换机的设备名分别为 SWA 和 SWB。

（2）分别在两台交换机上配置 VLAN10 和 VLAN20，并将端口 E0/0/1 划分到 VLAN10 中，将端口 E0/0/2 划分到 VLAN20 中。

（3）配置 Trunk 链路，实现跨交换机同一 VLAN 主机间的通信。

（4）配置 SWA 的管理 IP 地址为 172.16.10.10/24。

（5）配置 SWA 的 Telnet 远程登录功能，设置 Telnet 用户登录级别为 15，密码为 admin @123。

（6）测试各 PC 之间的连通性。

（7）用 PC1 测试 SWA 的 Telnet 远程登录功能。

（8）查看并保存交换机配置信息。

5. 注意事项

在华为 eNSP 模拟器中验证 Telnet 远程登录配置时，可使用路由器来代替 PC1，将路由器（Router）与交换机（Switch）连接，在路由器与交换机相连的端口上配置 IP 地址为 172.16.10.1/24，使其能够与交换机正常通信。

项目 5

组建无线局域网

【项目导入】

随着计算机网络技术的快速发展，网络成为人们工作和生活不可或缺的一部分。为了充分享受信息高速公路带来的便利，许多家庭拥有多台上网设备。为了方便学习专业知识，佳明上大学后家里专门为他添置了一台笔记本电脑。为了让家里原有的台式计算机和笔记本电脑同时实现上网，佳明在老师的建议下购买了一台无线路由器。该如何进行无线路由器的设置才能实现他的目的呢？本项目讲解的无线局域网知识可以帮助佳明解决这个问题。

【职业能力目标】

知识目标

➢ 掌握无线局域网的基本概念和特点

➢ 掌握无线局域网的技术标准

➢ 掌握无线局域网的接入设备

技能目标

➢ 能够完成组建 Ad – Hoc 模式无线局域网的操作

➢ 能够完成组建 Infrastructure 模式无线局域网的操作

素质目标

➢ 培养学生自主学习、独立思考的职业态度

5.1　知识要点

5.1.1　无线局域网概述

局域网大多采用双绞线、同轴电缆或光纤等作为传输介质，这些有线传输介质往往存在敷设费用高、施工周期长、改动不方便、维护成本高、覆盖范围小等问题。日趋成熟的无线技术为人们带来了享受无线移动联网的高效接入和自由沟通的便利。无线局域网（WLAN）是局域网技术与无线通信技术相结合的产物。无线局域网利用无线技术来传输数据、语音和

视频信号，为通信的移动化、个性化和多媒体应用提供了可能性。与有线网络相比，无线局域网具有以下优点。

1. 安装便捷

在网络建设中，施工周期最长、对周边环境影响最大的就是网络综合布线施工工程。在网络综合布线施工过程中，往往需要破墙掘地、穿线架管。而无线局域网最大的优势就是免去或减少了网络布线施工的工作量，一般只需要安装一个或多个接入点（AP）设备，就可建立覆盖整个建筑或地区的无线局域网。

2. 使用灵活

在有线网络中，网络设备的安放位置受网络信息点位置的限制。无线局域网一旦建成后，在无线网的信号覆盖区域内任何一个位置都可以接入网络。

3. 经济节约

由于有线网络缺少灵活性，这就要求网络规划者尽可能地考虑未来发展的需要，因此往往导致预设大量利用率较低的信息点。而一旦网络的发展超出了设计规划，又要花费更多资金进行网络改造，无线局域网可以避免或减少以上情况的发生。

4. 易于扩展

无线局域网能够提供多种配置方式供用户灵活选择。用户可以组建只有几个站点的小型无线局域网，也可以组建拥有上千个站点的大型无线局域网，并且能够提供如"漫游"等有线网络无法提供的特性。

无线局域网的不足之处在于，与有线局域网相比数据传输速率较低，有时会存在通信盲点或信号强度弱等情况。

近年来，作为有线局域网的补充，无线局域网的发展十分迅速，已经在医院、商店、工厂和学校等不适合有线网络布线的场合得到了广泛的应用。

5.1.2 无线局域网的标准

网络标准是指为了规定网络的通信标准、访问控制方式、传输介质等技术而制定的规则。为各种无线设备互通信息而制定的规则称为无线网络协议标准。目前常用的无线网络协议标准是由美国 IEEE 所制定的 IEEE 802.11 系列标准。无线局域网技术已经发展得很成熟，下面介绍几种常见的无线局域网技术标准。

无线局域网标准主要是针对物理层和介质访问控制层，涉及其所使用的无线频率范围、空中接口通信协议等技术规范与技术标准。在众多标准中，人们了解最多的是 IEEE 802.11 系列标准。此外，无线局域网的标准还有欧洲电信标准化协会（European Telecommunication Standards Institute，ETSI）提出的 HiperLan 和 HiperLan2，HomeRF 工作组的 HomeRF 和 HomeRF2，另外还有蓝牙特别兴趣组织（Bluetooth Special Interest Group，BSIG）提出的简称蓝牙 SIG 的蓝牙技术标准。本节将从目前业界最为关心的容量、兼容性、应用前景等方面出发，对无线局域网技术标准逐一进行分析、比较。

无线局域网技术标准的发展经历了多个阶段，从最初的 IEEE 802.11 标准，到后来的 802.11b、802.11a、802.11g、802.11n（Wi-Fi 4）、802.11ac（Wi-Fi 5）、802.11ax

（Wi-Fi 6）和802.11be（Wi-Fi 7），其演进路线如图5-1所示。这些标准不仅定义了无线局域网的操作方式、频率使用，还规定了传输速率和其他功能，确保了不同设备之间的互操作性和兼容性。

图5-1 IEEE 802.11 技术标准的演进路线

1. IEEE 802.11 标准

IEEE 802.11 标准于1997年6月公布，是第一代无线局域网标准。当时规定了一些诸如介质接入控制层功能、漫游功能、自动速率选择功能、电源消耗管理功能、保密功能等的标准。1999年随着无线网络国际标准的更新及完善，进一步规范了不同频点的产品及更高网络速率产品的开发和应用，除原 IEEE 802.11 的内容之外，增加了基于简单网络管理协议（SNMP）的管理信息库（MIB），以取代原 OSI 协议的管理信息库，另外还增加了高速网络的相关内容。

（1）IEEE 802.11b。

1999年9月通过的 IEEE 802.11b（Wi-Fi）使用开放的2.4 GHz 频段，物理调制方式为补码键控（CCK）编码的直接序列扩频（DSS），最大数据传输速率为11 Mbit/s，不用直线传播。其实际的传输速率在5 Mbit/s 左右，与普通的10Base-T 规格有线局域网处于同一水平。使用动态速率转换，根据噪声状况自动调整，当射频情况变差时，可将数据传输速率降低为5.5 Mbit/s、2 Mbit/s 和1 Mbit/s，且当其工作在2 Mbit/s 和1 Mbit/s 速率时可向下兼容 IEEE 802.11。IEEE 802.11b 的使用范围在室外为300 m，在办公环境中则最长为100 m。使用与以太网类似的连接协议和数据包确认来保证可靠的数据传输和网络带宽的有效使用。IEEE 802.11b 运作模式基本分为两种：点对点模式和基本结构模式。点对点模式是指无线网卡和无线网卡之间的通信方式，即 Ad-Hoc 模式或者独立基本服务集（IBSS）。基本结构模式是指仅使用一个接入点的无线网络；使用多个接入点的两个或多个 BSS 无线网络可以组成扩展服务集（ESS），这是无线网络规模扩充或无线和有线网络并存时的通信方式，是IEEE 802.11b 最常用的通信方式。

然而随着网络应用中视频、语音等关键数据传输需求越来越多，速率问题成为 IEEE 802.11b 进一步发展的主要障碍。此外，IEEE 802.11b 的安全问题也不容忽视，目前主要通过 WEP 加密协议来弥补这一缺陷，不过 IEEE 已经出台了一个名为 IEEE 802.11i 的标准来专门解决无线局域网中的安全问题。

（2）IEEE 802.11a。

与 IEEE 802.11b 相比，IEEE 802.11a 在整个覆盖范围内提供了更高的数据传输速率，其速率高达 54 Mbit/s。IEEE 802.11a 的工作频段是 5 GHz，从而避开了拥挤的 2.4 GHz 频段，所以相对 IEEE 802.11b 来说几乎是没有干扰。物理层数据传输速率可达 54 Mbit/s，传输层数据传输速率可达 25 Mbit/s。物理层采用正交频分复用（OFDM）的独特扩频技术而代替了 802.11b 的 DSS 来传输数据。OFDM 技术的最大优势是其无与伦比的多途径回声反射，因此特别适合于室内机移动环境。IEEE 802.11a 可提供 25 Mbit/s 的无线 ATM 接口、10 Mbit/s 的以太网无线帧结构接口和 TDD/TDMA 的空中接口。支持语音、数据、图像业务，一个扇区可接入多个用户，每个用户可带多个用户终端。

IEEE 802.11a 在使用频率的选择和数据传输速率上都优于 IEEE 802.11b，但是其与 IEEE 802.11b 不兼容、空中接力不好，点对点连接很不经济，不适合应用于小型设备。另外，由于 IEEE 802.11a 的技术成本过高，缺乏价格竞争力，经济规模始终无法扩大，再加上 5 GHz 并非免费频段，在部分地区面临频谱管制的问题，所以市场销售情况一直不理想。相比而言，业界非常看好 IEEE 802.11b。

（3）IEEE 802.11g。

IEEE 802.11g 是 IEEE 为了解决 IEEE 802.11a 与 IEEE 802.11b 的互通问题而出台的一个标准，它是 IEEE 802.11b 的延续。两者同样使用 2.4 GHz 通用频段，互通性高，IEEE 802.11g 被认为是新一代的无线局域网标准。其数据传输速率上限已经由 11 Mbit/s 提升至 54 Mbit/s，但由于 2.4 GHz 频段干扰过多，在数据传输速率上低于 IEEE 802.11a。

与 IEEE 802.11a 和 IEEE 802.11b 同时兼容是 IEEE 802.11g 的一大亮点，它同时支持 IEEE 802.11b 的 CCK 和 IEEE 802.11a 的 OFDM。IEEE 802.11g 还支持分组二进制卷积码（PBCC）技术。IEEE 802.11g 中规定的调制方式有两种，一种为原 Intersil 公司提案采用的 CCK - OFDM；另一种为 TI 公司提案采用的 PBCC - 22（也称 CCK - PBCC）。采用 PBCC - 22 方式的 TI 提案保持了对 IEEE 802.11b 的完全兼容，并使最高数据传输速率达到了 22 Mbit/s，目前已经有不少符合该标准的产品。而 CCK - OFDM 则作为 IEEE 802.11g 的强制 54 Mbit/s 模式，同时支持两种模式的 IEEE 802.11g 产品便可以在与 IEEE 802.11b 网络兼容的情况下，提供最高与 IEEE 802.11a 标准相同的 54 Mbit/s 连接速率。

IEEE 802.11g 的兼容性和高数据传输速率弥补了 IEEE 802.11a 和 IEEE 802.11b 的缺陷，一方面，使 IEEE 802.11b 产品可以平稳向高数据传输速率升级，满足日益增加的带宽需求；另一方面，使 IEEE 802.11a 实现了与 IEEE 802.11b 的互通，克服了 IEEE 802.11a 一直难以进入市场主流的尴尬，因此 IEEE 802.11g 出现之初就获得众多厂商的支持。IEEE 标准委员会已经通过了 IEEE 802.11g 标准。

（4）IEEE 802.11n。

IEEE 802.11n 标准发布于 2009 年 9 月，其目的主要是为了提升无线局域网的吞吐量。相比于之前的 IEEE 802.11a/b/g 标准，IEEE 802.11n 除了使用了 OFDM 技术，还引入了 MIMO（Multi-in Multi-out，多入多出）技术。借助于这些新技术，IEEE 802.11n 的网络接入速率最高可达 600 Mbit/s。为了保持与旧有标准的兼容性，IEEE 802.11n 沿用了 IEEE 802.11a/b/g 所用的频带资源，即 IEEE 802.11n 的工作频段和信道资源与 IEEE 802.11a/b/g 保持一致。

随着 IEEE 802.11n 标准的正式发布，各个无线厂家的 IEEE 802.11n 产品无论是种类还是性能都会得到很大的提升，不同厂商生产的产品之间的兼容性和互通性也会得到提高。同时伴随 IEEE 802.11n 技术的逐渐成熟、IEEE 802.11n 产品的逐渐丰富及 IEEE 802.11n 产品的价格不断下降等诸多因素，都会促使用户选择 IEEE 802.11n 技术构建自己的无线网络，从而使无线局域网从补充地位成为网络服务的主体。

（5）IEEE 802.11ac。

IEEE 802.11ac 是 IEEE 802.11 家族的一项无线上网标准，由 IEEE 标准协会制定。其通过 5 GHz 频带提供高通量的无线局域网，俗称 5G Wi-Fi（5th Generation of Wi-Fi）。理论上它能够提供最少 1 Gbit/s 带宽进行多站式无线局域网通信，或是最少 500 Mbit/s 的单一连线传输带宽。2008 年年底，IEEE 802 标准组织成立了新小组，目的是创建新标准来改善 IEEE 802.11：2007 标准，包括创建提高无线传输速率的标准，使无线上网能够提供与有线上网相当的传输性能。

IEEE 802.11ac 是 IEEE 802.11n 的继承者，它采用并扩展了源自 IEEE 802.11n 的空中接口（Air Interface）概念。其包括更宽的 RF 带宽（提升至 160 MHz）、更多的 MIMO 空间流（Spatial Streams）（增加到 8）、下行多用户的 MIMO（最多 4 个）以及高密度的调变（Modulation）（达到 256QAM）。

2018 年 10 月，Wi-Fi 联盟正式宣布，将简化相应技术标准的名称，802.11ac 更名为 Wi-Fi 5。

（6）IEEE 802.11ax。

IEEE 802.11ax 也被称为 Wi-Fi 6，在 2.4GHz 和 5GHz 频段工作，引入了正交频分多址（Orthogonal Frequency Division Multiple Access，OFDMA）技术，提供更高的容量和更好的性能，最高传输速率可达 10 Gbps。IEEE 802.11ax 通过一系列系统特性和多种机制增加了系统容量，通过更好的一致覆盖和减少空中接口介质拥塞来改善无线网络的工作方式，使用户获得最佳体验。IEEE 802.11ax 可向下兼容 IEEE 802.11a/b/g/n/ac 设备。

（7）IEEE 802.11be。

IEEE 802.11be 为第七代 Wi-Fi 无线网络，速度可高达 30Gbps，是 Wi-Fi 6 最高速率的三倍。相比于 Wi-Fi 6，Wi-Fi 7 将引入 CMU-MIMO 技术，最多可支持 16 条数据流，其次 Wi-Fi 7 除传统的 2.4GHz 和 5GHz 两个频段，还将新增支持 6GHz 频段，并且三个频段能同时工作。

IEEE 802.11 协议标准的兼容性、频率和最大传输速率见表 5-1。

表 5-1 IEEE 802.11 协议标准的兼容性、频率和最大传输速率

协议标准	兼容性	频率	最大传输速率
IEEE 802.11a		5 GHz	54 Mbps
IEEE 802.11b		2.4 GHz	11 Mbps
IEEE 802.11g	兼容 IEEE 802.11b	2.4 GHz	54 Mbps
IEEE 802.11n	兼容 IEEE 802.11a/b/g	2.4 GHz 或 5 GHz	600 Mbps
IEEE 802.11ac	兼容 IEEE 802.11a/n	5 GHz	6.9 Gbps
IEEE 802.11ax	兼容 IEEE 802.11a/b/g/n/ac	2.4 GHz 或 5 GHz	9.6 Gbps
IEEE 802.11be	兼容 IEEE 802.11a/b/g/n/ac/ax	2.4 GHz、5 GHz、6 GHz	46 Gbps

2. 蓝牙

1998 年，爱立信、IBM、Intel、诺基亚和东芝等公司联合推出了一项最新的无线网络技术，即蓝牙技术。随后这 5 家公司组建了一个特殊兴趣组织（SIG）负责开发此技术及其协议，如今已有 1 800 多家公司加入这个组织。1999 年 7 月，蓝牙 SIG 推出了蓝牙协议的 1.0 版，将其推向应用阶段。该技术的最初预想是使用蓝牙技术将手机、PDA 和便携式计算机等便携设备连接起来，取代各种物理传输线，让用户摆脱连线的烦恼，实现设备间的资源共享。经过不断地发展与改进，蓝牙技术应用已经朝着多元化方向发展，越来越多的家电也开始配备蓝牙功能。

蓝牙技术使用扩频技术，在携带型装置和区域网络之间提供一个快速而安全的短距离无线连接。它提供的服务包括网际网络、电子邮件、影像和数据传输以及语音应用。延伸容纳于 3 个并行传输的 64 Kbit/s PCM 通道中，提供 1 Mbit/s 的流量。

蓝牙技术既支持点到点连接，又支持点到多点的连接。蓝牙技术蕴藏在便携式计算机、Palm 和 PDA、Windows CE 设备、蜂窝手机、PCS 电话及其他外部设备的转发设备中，可以使这些设备在各种网络环境中进行通信。现在的规范允许 7 个"从属"设备和一个"主"设备进行通信。几个这样的小网络也可以连接在一起，彼此通过灵活的配置进行沟通。在同一个小网络中的设备有同步优先权，但是其他设备也可以通过设置在任何时候加入其中。这种网络的拓扑结构可以被描述为一个由灵活的、多个小网络组成的结构。更进一步，小网络或者单个设备可以和固定的使用蓝牙无线技术的访问点及附近其他蓝牙小网络相连。遵循蓝牙协议的各种应用都保证简单易用的安装和操作、高效的安全机制和完全的互操作性，从而实现随时随地通信。

蓝牙技术在多种领域迅速发展，其典型应用环境包括个人娱乐（便携式电子设备）、无线办公环境、汽车工业、信息家电、医疗设备等。

3. 家庭网络的 HomeRF 标准

HomeRF 工作在 2.4 GHz 频段，它采用数字跳频扩频技术，最高数据传输速率可达到

1.6 Mbit/s。该标准由 HomeRF 工作组开发，目的是在家庭范围内连接家庭计算机及其他支持 HomeRF 协议的产品，实现计算机与其他设备间的无线通信。HomeRF 是 IEEE 802.11 与 DECT（数字增强无绳通信）的结合，作用距离为 100 m，数据传输速率为 1～2 Mbit/s，支持流媒体传输，但在抗干扰能力上略有不足。然而 HomeRF 技术没有公开，目前仅有为数很少的企业支持，因此应用前景并不乐观。

目前来看，IEEE 802.11b/g/n 技术的性价比远远超过了蓝牙和 HomeRF 等技术，逐渐成为无线局域网应用最为广泛的标准。随着 IEEE 802.11b/g/n 技术的不断成熟，全球范围内正在兴起无线局域网应用的高潮。

5.1.3　无线局域网的接入设备

1. 无线网卡

无线网卡与普通网卡一样，安装在台式计算机或笔记本电脑中，实现无线数据的发送和接收。与普通网卡不同的是，无线网卡在其外端一侧增加了一个类似于天线的设备，其数据传送依赖于无线电波，而普通网卡则是通过一般的网线传输数据。

无线网卡可根据不同的接口类型来区分，第一种是台式机专用的 PCI 接口无线网卡；第二种是 USB 无线上网卡；第三种是笔记本电脑专用的 PCMCIA 接口无线网卡；第四种是笔记本电脑内置的 MINI-PCI 无线网卡，如图 5-2 所示。从传输速率来看，无线网卡主流的传输速率有 54 Mbit/s、108 Mbit/s、150 Mbit/s、300 Mbit/s、450 Mbit/s。在实际使用中，由于各种因素的影响，如网络拥堵、信号干扰等，实际传输速率可能会低于理论值。

（a）　　　　　　　　　　　　　　　　（b）

（c）　　　　　　　　　　　　　　　　（d）

图 5-2　无线网卡

（a）PCI 接口无线网卡（台式计算机）；（b）USB 接口无线网卡（台式计算机和笔记本电脑）；
（c）PCMCIA 接口无线网卡（笔记本电脑）；（d）MINI-PCI 接口无线网卡（笔记本电脑）

2. 无线接入点

无线接入点主要实现网络多点访问与外部网络的连接，在介质存取控制层中作为无线工作站及有线局域网络的桥梁。其功能类似于有线网络的集线器，使多点接入构成以接入点设备为中心的星型网络结构，在有多个接入点时，用户可以在接入点之间漫游切换。接入点的有效范围是 20～500 m。根据技术、配置和使用情况，每个接入点可以支持 15～250 位用户。通过添加更多的接入点，可以比较轻松地扩充无线局域网，从而减少网络拥塞并扩大网络的覆盖范围。因此，任何一台装有无线网卡的工作站均可通过无线接入点分享有线局域网络甚至广域网络的资源。除此之外，无线接入点本身又具有可管理功能，可针对接入的无线工作站进行必要的管控，如图 5 - 3 所示。

（a） （b）

图 5 - 3 无线接入点

（a）室内吸顶接入点；（b）室外无线接入点

3. 无线路由器

无线路由器是将单纯性无线接入点和宽带路由器合二为一的扩展型产品，它不仅具备单纯性无线接入点的所有功能（如支持 DHCP 客户端、VPN、防火墙、WEP 加密等），而且包括网络地址转换（NAT）功能，可支持局域网用户的网络连接共享。无线路由器可实现家庭无线网络中的互联网连接共享，实现非对称数字用户线路（ADSL）和小区宽带的无线共享接入。

无线路由器的端口有 WAN 口、LAN 口，如图 5 - 4 所示。

电源插孔 WAN口 LAN口 QSS/复位键

图 5 - 4 无线路由器

无线接入点和无线路由器的外形非常相似，二者的主要区别是：

（1）功能方面的区别。无线接入点主要提供无线工作站对 LAN 和 LAN 对无线工作站的访问，在访问接入点覆盖范围内的无线工作站上可以通过无线接入点进行相互通信。无线接入点是 WLAN 和 LAN 之间沟通的桥梁。无线路由器就是无线接入点、路由功能和交换机的集合体，支持有线和无线组成同一子网，直接接上调制解调器，连接互联网。

（2）应用方面的区别。无线接入点在需要大面积覆盖的公司使用得比较多，所有无线接入点通过以太网连接起来并连接到独立的无线局域网防火墙。

无线路由器在家庭网络的环境中使用得比较多，它整合了宽带接入路由器和无线接入点的功能，解决了单台计算机的上网问题。无线路由器包括网络地址转换协议，以支持无线局域网用户的网络连接共享。大多数无线路由器包括一个有 4 个端口的以太网转换器，可以连接几台有线计算机。

（3）从组网拓扑图上分析。无线接入点不能直接与 ADSL 调制解调器相连，所以在使用时必须再添加一台交换机或者集线器。大部分无线路由器由于具有宽带拨号的能力，因此，可以直接与 ADSL 调制解调器连接进行宽带共享。

（4）无线接入点和无线路由器的价钱相差不多，一般而言，无线路由器略贵一些。

4. 天线

无线局域网的天线与一般电视和移动电话所用的天线不同，其原因是工作频率不同。

天线的功能是将源信号以无线电波的形式传送至远处或从远处接收源信号。天线一般可分为定向（Uni – Direction）天线与全向（Omni – Direction）天线两种。前者较适合于长距离使用，后者则较适合区域性应用，如图 5 – 5 所示。

（a）　　　　　　　　　　　　（b）

图 5 – 5　天线
（a）定向天线；（b）全向天线

5.1.4　无线局域网的组建方式

无线局域网的组网模式大致可以分为以下两种。

1. 点对点对等网络

对于一个规模不大、办公环境比较集中的公司或部门，可以建立点对点对等网络（Ad – Hoc）。在对等工作模式下，只需在每一台连接的计算机中增加一块无线网卡，不用接入无线接入点。除了网络是通过无线方式实现连接外，其网络功能与有线对等网络完全相同。如果其中有一台计算机与外部网络连接，通过将其配置成网关，网络中的其他成员也可以访问外部网络。由于网络中没有接入点设备，网络成员之间只能实现点对点访问，无法同时建立与多台计算机之间的访问通道。

由于省去了无线接入点，Ad‐Hoc 的网络架设过程十分简单，但是一般的无线网卡在室内环境下传输距离通常仅为 40 m 左右。当超过有效传输距离时，就不能实现彼此之间的通信，因此，该种模式非常适合一些简单甚至是临时性的无线互联需求。

2. 集中控制式网络

集中控制式网络是一种整合有线与无线局域网架构的应用模式。在这种模式中，无线网卡与无线接入点进行无线连接，再通过无线接入点与有线网络建立连接。

集中控制式网络还可以分为两种模式。一种是无线路由器 + 无线网卡建立连接的模式。无线路由器 + 无线网卡模式是目前很多家庭都使用的模式，这种模式下无线路由器相当于一个集合了路由功能的无线接入点，用来实现有线网络与无线网络的连接。另一种是无线接入点 + 无线网卡建立连接的模式。在这种模式下，无线接入点应该如何设置、应该如何与无线网卡或者是有线网卡建立连接，主要取决于所要实现的具体功能及预定要用到的设备。因为无线接入点有多种工作模式，不同的工作模式所能连接的设备不一定相同，所以连接方式也不一定相同。

5.2　实训任务

5.2.1　组建 Ad‐Hoc 模式无线对等网络

1. 任务目标

组建 Ad‐Hoc 模式无线对等网络，熟悉无线网络安装配置过程。

无线局域网接入设备与无线对等网组建

2. 任务环境

（1）安装 Windows 10 操作系统的台式计算机或笔记本电脑 2 台。

（2）无线网卡 2 块。

3. 任务实施

组建 Ad‐Hoc 模式无线对等网络的拓扑结构，如图 5‐6 所示。

图 5‐6　组建 Ad‐Hoc 模式无线对等网络的拓扑结构

步骤 1：配置 PC1 的无线网络

（1）在 PC1 上，单击桌面右下角的"　"图标，查看操作中心图标。

（2）在操作中心图标中，单击其中的"移动热点"选项，稍等片刻系统会自动启动移动热点功能，如图 5‐7 所示。

（3）将光标移动到"移动热点"选项，右键单击并选择"转到"设置""命令，在"设置"界面中，可以设置网络名称、网络密码和网络频带等参数，完成设置后单击"保存"按钮，如图 5‐8 所示。

（a） （b）

图 5 – 7　启动移动热点功能

（a） （b）

图 5 – 8　设置移动热点参数

步骤 2：配置 PC2 的无线网络

（1）在 PC2 上，单击桌面右下角的"　" 图标，单击"DESKTOP – SDWS"下方的"连接"按钮。

（2）在"输入网络安全密钥"的文本框中输入在 PC1 上设置的密码，单击"下一步"按钮，即可完成连接，如图 5 – 9 所示。

（3）单击移动热点"DESKTOP – SDWS"下方的属性按钮，查看 IP 属性，如图 5 – 10 所示。

（4）按 Win + R 组合键，在弹出的"运行"对话框中输入 cmd，单击"确定"按钮。在命令行窗口中，输入"ping 192.168.137.1"测试 PC2 与 PC1 的连通性，测试结果如图 5 – 11 所示。

（a）　　　　　　　　　　　（b）

（c）

图 5 – 9　连接移动热点

图 5 – 10　PC2 的 IP 属性

图 5 – 11　PC2 与 PC1 的连通性测试

5.2.2　组建 Infrastructure 模式无线局域网

1. 任务目标

（1）组建 Infrastructure 模式无线局域网，熟悉无线路由器的安装配置过程。

（2）熟悉无线网络客户端的配置方法。

2. 任务环境

（1）安装 Windows 10 操作系统的台式计算机或笔记本电脑 2 台。

（2）无线路由器 1 台。

3. 任务实施

组建 Infrastructure 模式无线局域网的拓扑结构如图 5-12 所示。

图 5-12 Infrastructure 模式无线局域网拓扑结构

步骤 1：硬件连接。把互联网服务提供商（ISP）提供的入室网线接入到无线路由器的 WAN 端口，用一根直通线将无线路由器的任一 LAN 端口与 PC1 上的网卡接口相连。后续的步骤中将利用 PC1 对无线路由器进行配置。

步骤 2：配置 PC1 的网络参数。将 PC1 的 IP 地址设置为 192.168.1.8，子网掩码设置为 255.255.255.0，网关设置为 192.168.1.1。

步骤 3：登录并管理无线路由器。

（1）在浏览器中输入路由器的管理页面地址，一般都是 192.168.1.1（有一些老式的是 192.168.0.1，如果不确定，可以查看该路由器的产品说明书）。

（2）如果是新购买的或是已经恢复了出厂设置后的 TP-Link 路由器，此时显示的是设置管理员密码界面。在相应的文本框中输入密码，并再次输入进行确认，创建完毕后，单击"确定"按钮，如图 5-13 所示。如果不是首次登录，则显示登录界面。在相应的文本框中输入首次登录时设置的管理员密码，单击"确定"按钮即可进入无线路由器的管理界面，如图 5-14 所示。

图 5-13 设置管理员密码

图 5-14 管理员登录界面

（3）登录后，选择界面右下方的"路由设置"选项，如图 5 – 15 所示。

图 5 – 15　选择"路由设置"选项

（4）单击"路由设置"左侧窗格的"上网设置"选项卡，上网方式选择"宽带拨号上网"（PPPOE 方式，现在大多是这种上网方式），输入从 ISP 中申请到的宽带账号和密码，单击"连接"按钮，如图 5 – 16 所示。

图 5 – 16　路由设置——上网设置

（5）为使家庭中的无线设备也能连网，选择"路由设置"左侧窗格的"无线设置"选项卡，在右侧窗格中设置无线名称和无线密码，设置完毕后，单击"保存"按钮，如图 5 – 17 所示。

图 5 – 17　路由设置——无线设置

无线路由器还有其他的高级设置，但平时用得并不多，在此不再做详细阐述，如果有需要，请自行查阅相关资料。

步骤 4：配置无线网络客户端。

（1）在客户端上，单击桌面右下角的"![图标]"图标，选择"TP－LINK_FE64"，并单击"TP－LINK_FE64"下方的"连接"按钮。

（2）在"输入网络安全密钥"的文本框中输入在无线路由器上设置的无线密码，单击"下一步"按钮，即可完成连接。

（3）打开客户端的浏览器，输入 http://www.baidu.com，测试是否能够成功访问。

4. 注意事项

（1）设置登录密码时，需要满足密码复杂度要求，即密码长度为 6～32 个字符，最好是数字、字母和符号的组合。

（2）牢记登录密码。一旦忘记密码，需要恢复无线路由器的出厂设置。恢复方法是：在设备通电的情况下，按住路由器背面的"Reset"按钮，直到所有指示灯同时亮起后再松开。

（3）家用无线路由器开启后，为了防止有人蹭网，有必要为该路由器设置连接密码。设置密码时，同样需要满足密码复杂度要求，否则很容易被第三方 Wi－Fi 破解软件成功破解。

5.3　拓展阅读

5G 技术与 6G 技术

1. 5G 技术

第五代移动通信技术（5G）是一种具有高速率、低时延和大连接特点的新一代宽带移动通信技术，5G 通信设施是实现人机物互联的网络基础设施。

国际电信联盟（ITU）定义了 5G 的三大类应用场景，即增强移动宽带（eMBB）、超高可靠低时延通信（uRLLC）和机器类通信（mMTC）。增强移动宽带（eMBB）主要面向移动互联网流量爆炸式增长，为移动互联网用户提供更加极致的应用体验；超高可靠低时延通信（uRLLC）主要面向工业控制、远程医疗、自动驾驶等对时延和可靠性具有极高要求的垂直行业应用需求；机器类通信（mMTC）主要面向智慧城市、智能家居、环境监测等以传感和数据采集为目标的应用需求。为满足 5G 多样化的应用场景需求，5G 的关键性能指标更加多元化。ITU 定义了 5G 八大关键性能指标，其中高速率、低时延、大连接成为 5G 最突出的特征，用户体验速率达 1 Gbps，时延低至 1 ms，用户连接能力达 100 万连接/平方公里。

2023 年 5 月 17 日，中国电信、中国移动、中国联通、中国广电宣布正式启动全球首个 5G 异网漫游试商用。2024 年 3 月，全球移动通信系统协会智库发布的报告显示，移动通信技术 5G 的全球连接数已达 16 亿。3 月 28 日，中国移动 5G－A 商用发布会在浙江杭州举行。

会上介绍，中国移动5G Advanced网络（5.5G）正式商用。

2. 6G技术

第六代移动通信技术（6th Generation Mobile Networks 或 6th Generation Wireless Systems），它是5G系统之后的延伸和升级，可促进产业互联网、物联网的发展。在全球6G专利排行方面，中国以40.3%的6G专利申请量占比高居榜首。6G潜在应用场景可分为全覆盖多样化智能连接应用、高保真扩展现实类应用和智能化行业类应用三类。

2024年4月23日，3GPP项目协调小组（PCG）在其第52次会议上正式批准了6G LOGO。预计2030年左右，6G将在中国实现商用。2024年5月，日本多家电信公司联合宣布开发出世界上首个高速6G无线设备。

5.4 巩固练习

一、填空题

1. _____是局域网技术与无线通信技术相结合的产物。

2. IEEE 802.11a的工作频段是_____，最高数据传输速率是_____。

3. 无线路由器的端口有_____口和_____口。

4. 无线局域网的组网模式有_____和_____。

5. 无线局域网的天线可分为_____与_____两种，前者较适合于长距离使用，而后者则较适合区域性应用。

二、选择题

1. WLAN技术使用了（　　）传输介质。

A. 无线电波　　　　B. 双绞线　　　　C. 光波　　　　D. 光缆

2. 下列选项中的（　　）不属于无线局域网标准。

A. 802.11a　　　　B. 802.11b　　　　C. 802.11ac　　　　D. 802.11m

3. 蓝牙设备工作在（　　）频段。

A. 900 MHz　　　　B. 2.4 GHz　　　　C. 5.8 GHz　　　　D. 5.2 GHz

4. 下列无线局域网标准中，（　　）被更名为Wi-Fi 5。

A. IEEE 802.11a　　　　B. 802.11b　　　　C. 802.11g　　　　D. 802.11ac

5. 下列无线网卡的接口类型中，（　　）是笔记本电脑中专用的接口类型。

A. PCI　　　　B. USB　　　　C. PCMCIA　　　　D. MINI-PCI

6. 一个学生在自习室里使用无线连接到他的实验合作者的笔记本电脑，他正在使用的是（　　）模式。

A. Ad-Hoc模式　　　　B. Infrastructure模式
C. 固定基站模式　　　　D. 漫游模式

7. 要想组建一个Infrastructure模式的无线局域网，（　　）设备是必须的。

A. 交换机　　　　B. 无线网卡　　　　C. 接入点　　　　D. 笔记本电脑

8. 在无线局域网技术中，数据传输速率最快的是（　　）。

A. RFID   B. Bluetooth   C. IEEE 802.11a   D. IEEE 802.11ax

9. （　　）是宽带路由器必备的功能之一。

A. 虚拟拨号   B. 分流   C. 防火墙   D. 拨号

10. 人们通常所说的 IEEE802.11a/b/g 等无线局域网标准主要是根据（　　）的不同来区分的。

A. 物理层   B. 网络层   C. 传输层   D. 应用层

三、简答题

1. 简述无线局域网的优缺点。

2. 简述 IEEE802.11a/b/g/n 的区别。

3. 简述无线接入点与无线路由器的区别。

四、实训练习

1. 练习目的

（1）掌握无线路由器的硬件连接方法。

（2）掌握无线路由器的配置过程。

（3）掌握无线网络接入设备的网络配置方法。

2. 练习环境

佳明父亲在联通营业厅申请了一个宽带账户，账户名为 LT2019002，初始密码为666666。考虑到家里除了一个台式机计算机外，还有笔记本电脑和手机等无线接入设备，他又从科技市场购买了一款 TP–Link 无线路由器。

3. 练习要求

（1）假如联通宽带的进口网线已经接入到佳明家中。为实现上网目的，请帮助佳明的父亲完成相关的硬件连接（写出连接方法）。

（2）利用家中原有的台式计算机完成对无线路由器的配置。

（3）利用笔记本电脑连接无线路由器，测试网络的连通性。

项目 6

广域网技术

【项目导入】

众所周知，广域网可以实现数据、语音、图像等信息在广阔的地理范围内进行传输。为了从网络上获取更多的共享资源；同时，也为了能方便地与远在全国各地的合作伙伴或亲朋好友进行数据通信，佳明父亲公司的计算机和佳明家里的计算机都有接入到广域网的需求。此时，佳明急切地想了解广域网的特点。目前人们所说的广域网大多是指互联网，互联网的接入技术有哪些？路由器作为连接局域网与广域网的重要网络设备，它的工作原理与基本配置是什么？本项目将带领大家解决这些问题。

【职业技能目标】

知识目标
➢ 了解广域网的定义及分类
➢ 掌握互联网的接入技术
➢ 了解互联网的应用
➢ 掌握路由器的作用
➢ 掌握常用路由选择算法

技能目标
➢ 能够完成路由器的基本配置操作
➢ 能够完成静态路由的配置操作

素质目标
➢ 培养学生求同存异、兼收并蓄的职业意识

6.1 知识要点

6.1.1 广域网概述

1. 广域网的定义

广域网（WAN）又称远程网，是连接不同地区局域网或城域网的一种数据通信网络。

广域网通常跨接很大的物理范围，所覆盖的范围从几十千米到几千千米，它能连接多个地区、城市和国家，甚至横跨几个洲提供远距离通信，形成国际性的远程网络。对照 OSI 参考模型，广域网技术主要位于底层的 3 个层次，分别是物理层，数据链路层和网络层。

2. 广域网的种类

广域网可分为公共传输网络、专用传输网络和无线传输网络。

（1）公共传输网络一般由政府电信部门组建、管理和控制，网络内的传输和交换装置可以提供（或租用）给任何部门和单位使用。

公共传输网络可分为以下两类。

①电路交换网络：主要包括公共交换电话网（Public Switched Telephone Network，PSTN）和综合业务数字网（Integrated Services Digital Network，ISDN）。

②分组交换网络：主要包括 X.25 分组交换网和帧中继等。

（2）专用传输网络是由一个组织或团体建立、使用、控制和维护的私有通信网络。一个专用网络拥有自己的通信和交换设备，它可以建立自己的线路服务，也可以向公用网络或其他专用网络租用。

专用传输网络主要是数字数据网（Digital Data Network，DDN）。DDN 可以在两个端点之间建立一条永久的、专用的数字通道。它的特点是在租用该专用线路期间，用户独占该线路的带宽。

（3）无线传输网络主要是移动无线网，目前历经了 1G 技术到 6G 技术的演变。

6.1.2　Internet 接入技术

Internet 全称 Internetwork，中文名称为因特网。目前所说的广域网大多指的是 Internet，下面介绍 Internet 相关知识。作为一位接入到网络的用户，如果想要实现更大范围的数据通信和资源共享，首先需要接入互联网中。用户接入互联网的方式有很多种，目前可供选择的接入方式主要有 PSTN、ISDN、DDN、ADSL、Cable Modem、通过局域网接入和光纤接入等。

1. PSTN 拨号接入

（1）PSTN 概述

PSTN（Published Switched Telephone Network，公用电话交换网）技术是利用 PSTN 通过调制解调器拨号实现用户接入的方式。这种接入方式目前最高的数据传输速率为 56 kbps，已经达到香农定理确定的信道容量极限，这种数据传输速率远远不能够满足宽带多媒体信息的传输需求，但由于电话网非常普及，而且不用申请就可开户，只要家里有电脑，把电话线接入 Modem 就可以直接上网。因此，PSTN 拨号接入方式比较经济，至今仍有用户采用这种方式接入互联网。

（2）调制解调器的分类

使用 PSTN 拨号接入互联网时，调制解调器是必不可少的数据通信设备，它可以先把计算机的数字信号调制成通信线路的模拟信号，再将通信线路的模拟信号解调回计算机的数字信号。利用调制解调器将计算机与公用电话线相连接，使计算机用户能够通过拨号方式利用公用电话网访问互联网。

　　按调制解调器与计算机连接方式的不同可分为内置式和外置式。内置式调制解调器体积小，使用时插入主板插槽，不能单独携带；外置式调制解调器体积大，使用时与计算机的通信接口（COM1 或 COM2）相连，工作时有通信工作状态指示，可以单独携带、能方便地与其他计算机连接使用。按调制解调器的传输能力不同，有低速和高速之分，常见的调制解调器传输速率有 14.4 Kbit/s、28.8 Kbit/s、33.6 Kbit/s 和 56 Kbit/s 等。上网速率不仅取决于调制解调器传输速率，还受与之相连的电话线路的通信能力的制约。

　　2. 使用 ISDN 方式接入

　　（1）ISDN 概述。俗称"一线通"。它除了可以用于打电话，还可以提供诸如可视电话、数据通信、会议电视等多种业务，从而将电话传真、数据、图像等多种信息综合在一个统一的数据网络中进行传输和处理。

　　（2）ISDN 的工作方式。按带宽的不同，ISDN 有窄带和宽带，其中窄带 ISDN 有基本速率（2B + D，144 Kbit/s）和群速率（30B + D，2 Mbit/s）两种接口。基本速率包括两个能独立工作的 B 信道（每个 B 信道的数据传输速率为 64 Kbit/s）和一个 D 信道（16 Kbit/s）。其中 B 信道用来传输语音、数据和图像，D 信道用来传输信号命令或分组信息，因此该方式的最高数据传输速率为 128 Kbit/s。宽带可以向用户提供 155 Mbit/s 以上的通信能力。由于宽带综合业务数字网技术复杂，投资巨大，目前应用最少，而窄带 ISDN 已经非常成熟，因此各地开通的 ISDN 实际上是窄带 ISDN。由于 ISDN 使用了数字线路数据传输，因此误码率比电话线传输低得多。

　　3. 使用 DDN 专线

　　DDN 专线将数字通信技术、计算机技术、光纤通信技术及数字交叉连接技术等有机地结合在一起，提供了一种高速度、高质量、高可靠性的通信环境，为用户规划、建立安全、高效的专用数据网络提供了条件。因此，DDN 专线在多种互联网的接入方式中深受广大客户的青睐。

　　DDN 专线向用户提供的是半永久性的数字连接，沿途不进行复杂的软件处理，因此延时较短，避免了传统的分组网中传输协议复杂、传输延时大且不固定的缺点。利用 DDN 专线方式接入互联网的特点主要有以下几个。

　　（1）DDN 专线接入能提供高性能的点到点的通信。通信保密性强，特别适合金融、保险等保密性要求高的用户的需要。

　　（2）DDN 专线接入适用于 20/80 业务规则的大中型企业，即 80% 的网络业务在内部网络内传输，只有 20% 的网络业务在内部网络与外部网络之间的传输。

　　（3）DDN 专线信道固定分配充分保证了通信的可靠性，保证用户使用的带宽不会受其他用户使用情况的影响。

　　（4）提供详细的计费和网络管理支持，可以通过防火墙等安全技术保护用户局域网的安全，免受不良侵害。

　　使用 DDN 专线最大的缺点是其租用费用太高。因此 DDN 专线只适合于数据传输量较大的单位。

4. 使用 ADSL 接入

（1）ADSL 概述。

数字用户环路（Digital Subscriber Line，DSL）是以铜电话线为传输介质的点对点传输技术，它包括 HDSL、SDSL、VDSL、ADSL 和 RADSL 等，一般称之为 xDSL。它们主要的区别体现在信号传输速度和距离的不同以及上行速率和下行速率对称性的不同这两个方面。其中 ADSL 技术提供的上行和下行带宽不对称，因此称为非对称数字用户环路（Asymmetric Digital Subscriber Line，ADSL）。

ADSL 技术采用频分复用技术把普通的电话线分成了电话、上行和下行 3 个相对独立的信道，从而避免了相互之间的干扰。用户可以边打电话边上网，不用担心上网速率和通话质量下降的情况。理论上，ADSL 可在 3 ~ 5 km 的范围内，在一对铜缆双绞线上提供最高 1 Mbps 的上行速率和最高 8 Mbps 的下行速率，能同时提供语音和数据业务。一般来说，ADSL 的数据传输速率完全取决于线路的距离，线路越长，速率越低。

（2）ADSL 的工作过程。

Internet 网络主机数据通过光纤传输到电话公司的中心局。

• 在中心局，ADSL 访问多路复用器调制并编码用户的网络数据，然后整合来自普通电话线路的语音信号。

• 整合的语音和网络数据信号经由普通电话线传输到用户家中。

• 用户端利用滤波器将数字信号和语音信号分离开，数字信号经过 ADSL 调制解调器解调和解码后传输到用户计算机中，而语音信号则传输到电话机上，两者互不干扰。

（3）ADSL 的连接。

ADSL 的安装包括局端线路安装和用户端设备安装。在局端，由服务器将用户原有的电话线接入 ADSL 局端设备；用户端将由局端接入的电话线连接到滤波器上，滤波器一端与家庭电话相连，另一端与 ADSL 调制解调器之间用一条电话线相连；最后将 ADSL 调制解调器与计算机的网卡用一条网线连接，即可完成硬件的安装。

5. Cable Modem

（1）Cable Modem 接入概述。

用户可通过 Cable Modem 连接有线电视宽带网接入有线电视数据网，有线电视数据网再和 Internet 宽带连接，用户就可以在家中接入互联网，进行信息浏览等操作。另外用户还可以享受视频点播（Video on Demand，VOD）等服务。

利用 Cable Modem 方式接入互联网的优点是不需要重新进行布线，直接利用各用户家里的有线电视线缆即可实现电视节目信号和网络数据信号的同时传输，从而使用户在观看电视的同时享受网上冲浪的乐趣。

（2）Cable Modem 的安装。

将有线电视的同轴电缆接入 Cable Modem，再将 Cable Modem 用双绞线连接到用户计算机的网卡上即可完成安装。当打开 Cable Modem 的电源后，它能自动检测有线电视台的前端设备（Cable Modem Termination Systems，CMTS），前端设备自动分配 IP 地址和其他必需的网络设置参数给 Cable Modem，用户计算机开机后自动完成上网设置。

只需打开计算机，Cable Modem 就会自动将计算机连接到网上，用户可以随时上网，简单方便。

6. 使用局域网接入

（1）局域网接入概述。随着以太网技术的发展，局域网接入互联网的方式已经成为接入互联网的更好选择。在 ADSL 接入互联网的方式中，一方面由于节点包含用户多，经常会出现回传噪声、线路串扰的问题；另一方面由于电话线路老化等问题，容易出现线路中继的问题，且不能达到较高的数据传输速率。通过局域网接入互联网，可用光纤或双绞线对小区进行综合布线，用户可获得 10 Mbit/s 甚至 100 Mbit/s 以上的带宽，速度优势明显。

（2）局域网接入的特点如下：

- 数据传输速率高，网络稳定性好。
- 安装简单，节省用户投资。
- 采用星型拓扑结构，用户共享带宽。
- 应用广泛，可实现远程办公、视频点播等多种应用。

6.1.3　互联网的应用

互联网是集现代计算机技术、通信技术于一体的全球性的计算机互联网，它是由世界范围内各种大大小小的计算机网络相互连接而成的全球性计算机网络。在互联网中，使用者的地位是平等的。互联网用户不仅是信息资源的使用者，也可以是信息资源的提供者。

互联网作为一种全球性信息基础设施，其能够适应计算机、网络和服务的各种变化，为用户提供多种信息服务。互联网的主要应用有电子邮件服务、文件传输服务、远程登录和万维网服务等。

1. 电子邮件服务

电子邮件又称为 E – mail。它利用计算机的存储转发原理，克服时间、地理上的差距，通过计算机终端和通信网络进行文字、声音和图像等信息的传输。电子邮件是互联网为用户提供的基本功能之一，也是互联网上最广泛的应用之一。

与传统的通信方式相比，电子邮件具有以下明显的优势。

- 电子邮件比人工邮件传输迅速，可达到的范围广，而且更为可靠。
- 电子邮件与电话系统相比，不要求通信双方同时在线，而且不需要知道通信对象在网络中的具体位置。
- 电子邮件可以实现一对多的邮件传输，一个用户可以同时向多个用户发送通知。
- 电子邮件可以将文字、图像、语音等多种类型的信息集成在一个邮件中发送，成为多媒体信息传送的重要手段。

使用电子邮件的首要条件是有一个电子邮箱（Mail Box）。电子邮箱是由电子邮件服务机构（一般是 ISP）为用户建立起来的。当用户向 ISP 申请互联网账户时，ISP 就会在它的 E – mail 服务器上建立该用户的 E – mail 账户。建立电子邮箱，实际上是在 ISP 的 E – mail 服务器磁盘上为用户开辟一块专用的存储空间，用来存放该用户的电子邮件。每个电子邮箱都有一个邮箱地址，称为电子邮件地址（E – mail Address）。用户的 E – mail 地址格式为："用户名@域名"。其中"@"符号表示 at，域名是邮件服务提供商的标识，用于指示邮箱所属的邮件服务器。常见的邮箱服务提供商有 QQ 邮箱和 163 邮箱等，其域名为"qq.com"和"163.com"等。

电子邮件系统采用简单的邮件传输协议（SMTP）和邮局传输协议（Post Office Protocol，POP3）来保证不同类型的计算机之间的邮件传输。POP 已发展到第三版，称为 POP3。首先，客户机的电子邮件通过 SMTP 传输到远程电子邮件服务器上，在服务器之间实现了邮件传输后，接收机通过 POP3 从电子邮件服务器上接收传来的电子邮件，其传输过程如图 6-1 所示。

图 6-1　电子邮件传输过程

2. 文件传输服务

文件传输服务器允许互联网上的用户将一台计算机上的文件传送至另一台计算机上。它是广大用户获得丰富的互联网资源的重要方法之一。常见的浏览器如 Internet Explorer 就可以实现文件传输功能。

互联网上这一功能的实现是由 TCP/IP 协议簇中的 FTP 支持的。FTP 负责将文件从一台计算机传输到另一台计算机上，并且保证传输的可靠性，所以人们通常将这一类服务称为 FTP 服务。

文件传输服务是一种实时的联机服务。在进行文件传输服务时，首先要登录到对方的计算机上，登录后只可进行文件查询、文件传输相关的操作。根据所使用的用户账户不同，可将 FTP 服务器提供的服务分为普通 FTP（Normal FTP）服务和匿名 FTP（Anonymous FTP）服务两类。

普通 FTP 服务：像大多数的互联网服务一样，FTP 使用客户机/服务器系统。用户在使用普通 FTP 服务时，首先需要在远程主机上建立一个账户。在进行 FTP 操作时，应在 FTP 命令中给出远程计算机的主机名或 IP 地址，然后根据对方系统的询问，正确输入用户名与用户密码。通过上述操作就可以建立客户机与远程计算机之间的连接，当用户启用客户机程序时，用户的命令即发送出去，服务器响应用户发送的命令。例如，用户录入一个命令，让服务器传输一个指定的文件，服务器就会响应用户的命令，并传输这个文件；用户的客户机程序接收这个文件，并把它存入相应的目录中。用户从远程计算机上复制文件到自己的计算机上，称为下载（Downloading）文件；用户把自己计算机上的文件复制到远程计算机上，称为上传（Uploading）文件。

匿名 FTP 服务：互联网上许多公司和研究机构的主机上都有大量有价值的文件，它们是互联网上的重要信息资源。普通 FTP 服务要求用户在登录时提供相应的用户名与用户密码，即用户必须在远程主机上拥有自己的账户，否则无法使用 FTP 服务。这对于大量没有账户的用户来说是不方便的。为了便于用户获取互联网上公开发布的各种信息，许多机构提供了一种匿名 FTP 服务。

匿名 FTP 服务的实质是提供服务的机构在它的 FTP 服务器上建立一个公开的账户（一般为 anonymous），并赋予该账户访问公共目录的权限。用户登录到这些 FTP 服务器时，无需事先申请用户账户，可以用 anonymous 为用户名，用任何合法的 E‑mail 地址为用户密码便可登录，获得 FTP 服务。

3. 远程登录

在互联网中，用户可以通过远程登录使自己成为远程计算机的终端，然后在它上面运行程序，或使用它的硬件和软件资源。远程登录是互联网上用途非常广泛的一项基本服务。

（1）远程登录的概念与意义。

在分布式计算环境中，常常需要调用远程计算机的资源同本地计算机协同工作，这样可以用多台计算机共同完成一个较大的任务。这种协同操作的工作方式就要求用户能够登录到远程计算机中启动某个进程，并使进程之间能够相互通信。为了达到这个目的，人们开发了远程终端协议，即 Telnet 协议。Telnet 协议是 TCP/IP 的一部分，它精确地定义了远程登录客户机与远程登录服务器之间的交互过程。

远程登录是互联网较早提供的基本服务功能之一。互联网中的用户远程登录是指用户使用 Telnet 命令，使自己的计算机暂时成为远程计算机的一个仿真终端的过程。一旦用户成功地实现了远程登录，用户使用的计算机就可以像一台与对方计算机直接连接的本地终端一样进行工作。

远程登录允许任意类型的计算机之间进行通信。远程登录之所以能够提供这种功能，主要是因为所有的运行操作都是在远程计算机上完成的，用户的计算机仅仅是作为一台仿真终端，向远程计算机传送击键信息并显示结果。

互联网远程登录服务的主要作用：允许用户与在远程计算机上运行的程序进行交互；当用户登录远程计算机时，可以执行远程计算机上的任何应用程序，并且能屏蔽不同型号的计算机之间的差异；用户可以利用个人计算机完成许多只有大型计算机才能完成的任务。

（2）登录协议。

TCP/IP 协议簇中有两个远程登录协议：Telnet 协议和 Rlogin 协议。

系统的差异性（heterogeneity）给计算机系统的互操作性带来了很大的困难。Telnet 协议的主要优点之一是能够解决多种不同的计算机系统之间的互操作问题。所谓系统的差异性，就是指不同厂家生产的计算机在硬件或软件方面不同。

不同计算机系统的差异性首先表现在不同系统对终端键盘输入命令的解释上。例如，有的系统的行结束标志为 return 或 enter，有的系统用 ASCII 字符的 CR，有的系统则用 ASCII 字符的 LF。键盘定义的差异性给远程登录带来很多的问题。为了解决系统的差异性，Telnet 协议引入了网络虚拟终端（Network Virtual Terminal，NVT）的概念，它提供了一种专门的键盘定义，用来屏蔽不同的计算机系统对键盘输入的差异性。

Rlogin 协议是 Sun 公司专为 BSD UNIX 系统开发的远程登录协议，它只适用于 UNIX 系统，因此还不能很好地解决异构系统的互操作性。

（3）远程登录的工作原理。

Telnet 同样也是采用了客户机/服务器模型，其结构如图 6‑2 所示。在远程登录过程中，用户的实终端（Real Terminal）采用用户终端的格式与本地 Telnet 客户机进程通信，远程主机采用远程系统的格式与远程 Telnet 服务器进程通信。网络虚拟终端将不同的本地用户终端格式统一起来，使各个不同的用户终端格式只与标准的网络虚拟终端格式进行交互，而与各种不同的本地终端格式无关。Telnet 客户机进程与 Telnet 服务器进程一起完成用户终端格式、远程主机系统格式与标准网络虚拟终端格式的转换。

图 6 - 2　Telnet 的客户机/服务器模型

（4）如何使用远程登录。

使用 Telnet 的条件是用户本身的计算机或向用户提供互联网访问的计算机支持 Telnet 命令。同时，用户进行远程登录时有两个条件。

- 用户在远程计算机上有自己的用户账户（包括用户名与用户密码）。
- 该远程计算机提供公开的用户账户，供没有账户的用户使用。

用户在使用 Telnet 命令进行远程登录时，首先应在 Telnet 命令中给出对方的主机名或 IP 地址；然后根据对方系统的询问，正确的键入自己的用户名与用户密码，有时还要根据对方的要求，回答自己所使用的仿真终端的类型。

互联网有很多信息服务机构提供开放式的远程登录服务，登录到这样的计算机时，不需要事先设置用户账户，使用公开的用户名就可以进入系统。这样，用户就可以使用 Telnet 命令，使自己的计算机暂时成为远程计算机的一个仿真终端。一旦用户成功地实现了远程登录，用户就可以像远程主机的本地终端一样进行工作，使用远程主机对外开放的全部资源，如硬件、程序、操作系统、应用软件及信息资源。

Telnet 也经常用于公共服务或商业目的。用户可以使用 Telnet 远程检索大型数据库、公众图书馆的信息资源库或其他信息。

4. 万维网服务

万维网（World Wide Web，WWW）是一种交互式图形界面的互联网服务，简称 Web 或者 3W，具有强大的信息连接功能。WWW 目前是互联网上增长最快的网络信息服务，也是互联网上最方便和最受用户欢迎的信息服务类型。

（1）超文本与超媒体。

首先，我们来了解一下 WWW 信息组织方式中涉及的两个基本概念：超文本（Hypertext）和超媒体（Hypermedia）。

超文本是用超链接的方法，将各种不同空间的文字信息组织在一起的网状文本。现在文本普遍以电子文档方式存在，其中的文字包含可以链接到其他位置或者文档的链接，允许从当前阅读位置直接切换到超文本链接所指向的位置。超文本的格式有很多，目前较常使用的是 HTML 及富文本格式。

超文本是一种按信息之间关系非线性地存储、组织、管理和浏览信息的计算机技术。它将自然语言文本和计算机交互式地转移或动态显示线性文本的能力结合在一起，它的本质和基本特征就是在文档内部和文档之间建立关系，正是因为有了这种关系给了文本以非线性的方式进行组织。概括地说，超文本就是收集、存储和浏览离散信息及建立和表现信息之间关联的一门网络技术。

超媒体是超级媒体的缩写，是一种采用非线性网状结构对块状多媒体信息（包括文本、图像、视频等）进行组织和管理的技术。超媒体在本质上和超文本是一样的，只不过超文本技术在诞生初期管理的对象是纯文本，所以称为超文本。随着多媒体技术的兴起和发展，超文本技术的管理对象从纯文本扩展到多媒体，为强调管理对象的变化，就产生了"超媒体"这个词。现在，超文本与超媒体的界限已经比较模糊，通常超文本也包括超媒体的概念。

（2）WWW。

WWW 是以 HTML 与 HTTP 为基础的，能够提供面向互联网服务的、一致的用户界面信息浏览系统。其中 WWW 服务器采用超文本链路来链接信息页，这些信息页既可以放置在同一主机上，也可以放置在不同地理位置的主机上。文本链路由统一资源定位符（Uniform Resource Locator，URL）维持，WWW 客户端软件（WWW 浏览器）负责显示信息与向服务器发送请求。

Internet 采用超文本和超媒体的信息组织方式，将信息的链接扩展到整个互联网上。目前，用户利用 WWW 不仅能访问到 Web Server 的信息，而且可以访问到 Gopher、WAIS、FTP、Archie 等网络服务。因此，它已经成为互联网上应用最广和最有前途的访问工具，并在商业范围内发挥着越来越重要的作用。

（3）HTML 与 HTTP。

HTML 是一种用来定义信息表现方式的格式化语言，它告诉 WWW 浏览器如何显示信息、如何进行链接。一个文件如果想通过 WWW 主机来显示，就必须符合 HTML 的标准。使用 HTML 开发的 HTML 超文本文件一般具有 .htm 或 .html 的扩展名。一般来说，利用专门的工具软件就可以完成各种类型文件（如字处理软件、电子表格软件、演示文稿软件等）向 HTML 文件的转换。HTML 具有通用性、简易性、可扩展性、平台无关性等特点，并且支持用不同方式创建 HTML 文档。

HTTP 是 WWW 客户机与 WWW 服务器之间的应用层传输协议，即浏览器访问 Web 服务器上超文本信息时所使用的协议，HTTP 是 TCP/IP 协议簇之一，它不仅可以保证超文本文档在主机间的正确传输，还能够确定应传输文档中的哪一部分及先传输哪部分内容等。

（4）WWW 的工作模式。

WWW 采用的是客户机/服务器的工作模式，具体工作流程如下：

①在客户端建立链接，用户使用浏览器向 Web 服务器发出浏览信息的请求。

②Web 服务器接收到请求，并向浏览器返回所请求的信息。

③客户机接收到文件后，解释该文件并显示在客户机上。

一个 Web 服务器实际上就是一个文件服务器，Web 服务器结构化地存储着文档，客户机则是通过客户端软件查询 Web 服务器上的信息，Web 客户端的软件称为浏览器，常用的

WWW 浏览器有 Microsoft Edge、Google Chrome 和 360 浏览器等。

（5）URL 与信息定位。

HTML 的超链接使用 URL 来定位信息资源所在位置，URL 中描述了浏览器检索资源所用的协议、资源所在的计算机主机名、端口号及资源的路径与文件名。

标准的 URL 格式如下：

协议：//主机名或 IP 地址:端口号/文件路径/文件名。

协议：又称信息服务类型，是客户端浏览器访问各种服务器资源的方法，它定义了浏览器（客户）与被访问的主机（服务器）之间使用何种方式检索或传输信息。URL 中的协议有很多种，常用的有 HTTP、FTP、Telnet、Gopher、News、WAIS 等。

端口号：端口号可以缺省，缺省时使用默认的端口号，如果不使用默认的端口号，必须在此处输入服务器指定的端口号。Internet 上每个应用协议的端口号是由 Internet 的专门机构后来分配的，常用的 Internet 应用协议与默认端口号见表 6 – 1。

表 6 – 1　常用的 Internet 应用协议与默认端口号

常用应用协议	端口号	常用应用协议	端口号
FTP	21	Telnet	23
SMTP	25	DNS	53
HTTP	80	POP3	110
RPC	111	SNMP	161

尽管端口号是必须的，但由于 Internet 上的大多数服务都有一个默认端口号，因此在端口号缺省的情况下，面向连接的应用服务使用的是默认端口号。

"/"后面是信息资源在服务器上的存放路径和文件名，用来指定用户所要获取文件的目录，由文件所在的路径、文件名和扩展名组成。缺省的情况下，服务器就会给浏览器返回一个缺省的文件。例如，通过浏览器访问 Web 服务器时，在存放路径和文件缺省的情况下，Web 服务器返回给浏览器一个名为 index. html 或 default. html 的文件。

6.1.4　路由器概述

1. 路由器功能

路由器工作在 OSI 参考模型中的网络层。有时候也将路由器称为一种三层设备，是局域网用户接入广域网的一个重要设备。路由器的主要功能是路由选择、数据转发和数据过滤。

2. 路由选择

通常路由器中会有多个网络接口，这些接口有用于连接局域网的网络接口和用于连接广域网的网络接口。每个网络接口都可以连接不同的网络，在进行数据通信时，从源主机到目的主机之间就可能存在有多条路径。路由选择就是从这些数据传输路径中选择一条从源主机到目的主机之间的最佳数据传输路径的过程。

3. 路由器工作原理

路由选择及数据转发工作过程如图 6 - 3 所示，假设 PC1 要向 PC2 发送数据，有多条路径可以到达，其路由选择和数据转发的工作流程如下：

（1）PC1 将数据发送给 RouterA。

（2）RouterA 收到 PC1 的数据包后，从数据包头部取出目的主机即 PC2 的地址，通过查找路由表找到从 PC1 所在网络到 PC2 所在网络的最佳路径。假设该路径为 PC1 - RouterA - RouterB - RouterC - RouterF - PC2，则 RouterA 将数据包转发给 RouterB。

（3）RouterB、RouterC 重复 RouerA 的工作过程，RouterB 将数据包转发给 RouterC，RouterC 将数据包转发给 RouerF。

（4）RouterF 收到数据包后，取出目的主机的地址，发现该主机就在自身所直连的网络上，直接将数据包发送给 PC2。

（5）至此，PC2 收到 PC1 发送的数据，此次数据通信过程宣告结束。

图 6 - 3　路由选择及数据转发工作过程

6.1.5　路由算法

每个路由器中都有一个路由表，路由器根据路由表中的内容进行最佳路径的选择，而确定路径选择的策略即称为路由选择算法。根据路由表中内容的获取方式，可以将路由选择算法分为静态路由选择算法和动态路由选择算法。

1. 静态路由选择算法

静态路由选择算法中的路由是由网络管理员手工配置的固定路由，后期除非由网络管理员进行干预，否则不会发生变化。由于静态路由不能适应网络环境的变化，因此一般用于网络规模不大，拓扑结构相对固定的网络中。

2. 动态路由选择算法

动态路由选择算法中的路由选择可以根据当前网络的状态信息动态决定。这种算法可以较好地适应网络流量、拓扑结构的变化，有利于改善网络的性能。常用的动态路由选择算法有距离矢量路由选择算法和链路状态路由选择算法。

（1）距离矢量路由选择算法。距离矢量路由选择算法的工作过程如下：每个路由器维护一张路由表，它以子网中的每个路由器为索引，路由表中列出了当前已知的路由器到每个目标路由器最佳距离及所走的线路。各路由器通过周期性地在邻居之间相互交换路由信息，不断更新自己内部的路由表，从而适应网络的动态变化。距离矢量路由选择算法最初是ARPANET 使用的路由算法，也被用于互联网的 RIP（Routing Information Protocol，路由信息协议）中。

（2）链路状态路由选择算法。链路状态路由选择算法中每个路由器需要完成以下工作以实现各路由器中路由表的动态变化。

①发现邻居节点，并知道其网络地址。

②测量到各邻居节点的延迟或开销。

③构造一个分组，分组中包含所有它刚刚知道的信息。

④将这个分组发送给网络中所有其他的路由器。

⑤计算出到达其他路由器的最短路径。

链路状态路由选择算法被广泛应用于实际的网络中，在互联网中被广泛使用的 OSPF 就采用了链路状态路由选择算法。

6.1.6 路由器的管理与基本配置

1. 用户视图模式

为便于用户使用这些命令，华为路由器按功能分类将命令分别注册在不同的命令行视图下。配置某一功能时，需首先进入对应的命令行视图，然后执行相应的命令进行配置。常用视图名称及功能见表6 – 2。

表6 – 2 常用视图名称及功能

常用视图名称	进入视图	视图功能
用户视图	用户从终端成功登录即进入用户视图，在屏幕上显示： 　< Huawei >	在用户视图下，用户可以完成查看运行状态和统计信息等
系统视图	在用户视图下，输入命令 system – view 后按 Enter 键，进入系统视图： 　< Huawei > system – view 　Enter system view, return user view with Ctrl + Z. 　[Huawei]	在系统视图下，用户可以配置系统参数以及通过该视图进入其他的功能配置视图
接口视图	使用 interface 命令并指定接口类型及接口编号，可以进入相应的接口视图： 　[Huawei] interface Gigabitethernet X/Y/Z 　[Huawei – GigabitEthernetX/Y/Z] 说明： X/Y/Z 为需要配置的接口的编号，分别对应"堆叠 ID/子卡号/接口序号"。上述举例中 GigabitEthernet 接口仅为示意	配置接口参数的视图称为接口视图。在该视图下可以配置接口相关的物理属性、链路层特性及 IP 地址等重要参数

常用视图名称	进入视图	视图功能
路由协议视图	在系统视图下，使用路由协议进程运行命令可以进入到相应的路由协议视图： ［Huawei］isis ［Huawei – isis – 1］	路由协议的大部分参数是在相应的路由协议视图下进行配置的，如 IS – IS 协议视图、OSPF 协议视图、RIP 协议视图

命令行提示符 Huawei 是默认的主机名。通过提示符可以判断当前所处的视图，如"＜＞"表示用户视图，"［ ］"表示除用户视图以外的其他视图。执行 quit 命令，可从当前视图退出至上一层视图。按"Ctrl + Z"组合键或 return 命令会从当前视图模式直接退回到用户视图模式。

2. 编辑命令行时

编辑命令行时的操作技巧与交换机命令配置相同，在此不再赘述，详情可参看项目 5 中的相关内容。

3. 登录系统

要对一台新出厂的设备进行业务配置时，首先需要登录设备。设备支持的首次登录方式有 Console 口登录方式和 MiniUSB 口登录方式。一块主控板提供一个 Console 口和一个 MiniUSB 口。客户终端的串行口可以与设备 Console 口直接连接或者将客户终端的 USB 口与设备的 MiniUSB 口直接连接，实现对设备的本地配置。用户在本地登录以后，完成设备名称、IP 地址和系统时间等基本配置，并配置 Telnet 用户的级别和认证方式实现远程登录，为后续配置提供基础环境。

📘 **说明**

在通过 MiniUSB 口登录设备前，需要在客户终端安装 MiniUSB 口的驱动程序。

（1）通过 Console 口首次登录设备。通过 Console 口首次登录设备的操作步骤与首次登录交换机的操作步骤类似，在此不再赘述，详情可参看项目 5 中的相关内容。

（2）通过 MiniUSB 口首次登录设备。如果用户 PC 没有可用的 Console 口，可以使用 MiniUSB 线缆将 PC 的 USB 口连接到设备的 MiniUSB 口进行登录，实现对第一次通电的设备进行基本配置和管理。

在配置通过 MiniUSB 口登录设备之前，需要完成以下任务。

- 设备正常通电。
- 准备好 MiniUSB 通信电缆。
- 根据用户 PC 的操作系统准备好 MiniUSB 口驱动程序。

● 准备好 PC 终端仿真软件。

其操作步骤如下：

①在用户 PC 上安装 MiniUSB 口的驱动程序（以安装 TUSB 3410 Driver 为例）。

a. 使用 MiniUSB 线缆将 PC 的 USB 口和设备的 MiniUSB 口连接。

b. 在 PC 端双击驱动程序的安装文件并单击"Next"按钮，如图 6－4 所示。

图 6－4　PC 端运行驱动程序安装文件

c. 选中"I accept the terms in the license agreement"单选按钮，单击"Next"按钮，如图 6－5 所示。

图 6－5　接受软件许可协议

d. 单击"Change"按钮，更改驱动解压的路径，然后单击"Next"按钮，如图 6－6 所示。

图 6 – 6　选择驱动程序解压路径

e. 单击"Install"后进行解压操作，完成后单击"Finish"按钮结束解压，如图 6 – 7 所示。

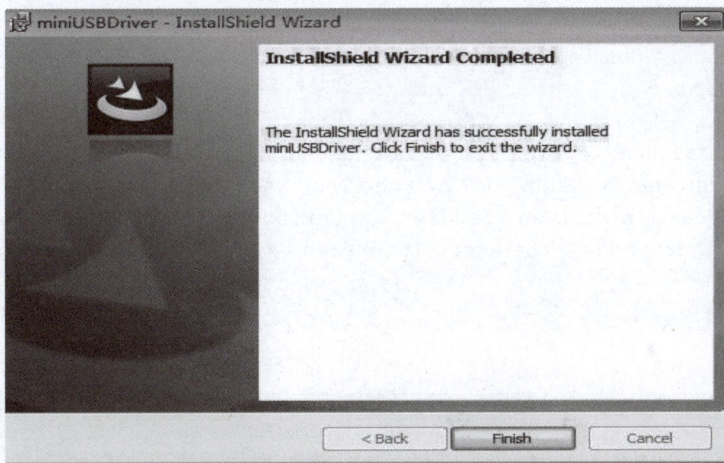

图 6 – 7　完成驱动程序解压

f. 在步骤 d 指定的解压路径下找到 DISK1 文件夹，双击 setup. exe 图标。

g. 单击"下一步"按钮，选中"我接受许可证协议中的条款（A）"单选按钮，单击"下一步"按钮，进入驱动安装界面。

h. 单击"完成"按钮，结束驱动程序的安装，右击"计算机"，在弹出的快捷菜单中选择"管理"命令，打开"计算机管理"窗口，选择"设备管理器→端口（COM 和 LPT）"选项，显示的"TUSB3410 Device"即为已安装的设备。

②在 PC 上打开终端仿真软件，新建连接，设置连接的接口及通信参数。操作顺序如图 6 – 8 和图 6 – 9 所示（此处使用第三方软件 SecureCRT 为例进行介绍）。

③单击"Connect"按钮，终端界面会出现如下显示信息，提示用户配置登录密码。设备默认用户名为 admin，密码为 admin@huawei. com（以下显示信息仅为示意）。

图6-8 新建连接

图6-9 设置连接参数

```
An initial password is required for the first login via the console.
Set a password and keep it safe. Otherwise you will not be able to login via the
console.

Please configure the login password (8-16)
Enter Password:
Confirm Password:
Warning: The authentication mode was changed to password authentication and the
user level was changed to 15 on con0 at the first user login.
Warning: There is a risk on the user-interface which you login through. Please
change the configuration of the user-interface as soon as possible.

<HUAWEI>
```

说明

- 采用交互方式输入的密码不会在终端屏幕上显示出来。
- 建议登录设备后及时更改密码并定时更新，以保证安全性。如果配置文件中存在明文密码或输入的密码属于弱安全加密密码，用户登录设备时，系统会提示：

There are security risks in the configuration file. You are advised to save the configuration immediately. If you choose to save, the current configuration file will be unavailable after version downgrade. Are you sure to save now? [y/n]:

如果需要保存当前配置，选择 y，并按 Enter 键；如果不需要保存当前配置，选择 n，并按 Enter 键（建议用户选择 y）。

- 用户通过 Console 口登录新出厂（或没有启动配置文件）的设备时，系统会提示：

Auto-Config is working. Before configuring the device, stop Auto-Config. If you perform configurations when Auto-Config is running, the DHCP, routing, DNS, and VTY configurations will be lost. Do you want to stop Auto-Config? [y/n]:

如果需要进行 Auto – Config，选择 n，并按 Enter 键；如果不需要进行 Auto – Config，选择 y，并按 Enter 键。

4. 路由器配置常用基本命令

(1) 视图模式切换。

```
<Huawei>system – view                                #切换到系统视图
Enter system view, return user view with Ctrl + Z.
                                                     #按 Ctrl + Z 组合键返回用户视图
[Huawei]interface g0/0/1                             #切换到接口视图
[Huawei – GigabitEthernet0/0/1]                      #在此视图下可配置接口相关的参数
[Huawei]user – interface vty 0 4                     #切换到虚拟终端视图
[Huawei – ui – vty0 – 4]                             #在此视图下可配置远程登录的口令
```

(2) 查看路由器配置信息。

```
[Huawei]display version                              #查看路由器版本信息
[Huawei]display current – configuration              #查看当前配置信息
[Huawei]display interface g0/0/1                     #查看端口 g0/0/1 的配置信息
[Huawei]display ip routing – table                   #查看路由表中的信息
```

(3) 保存当前配置信息。

```
<Huawei>save                                                    #保存当前配置信息
The current configuration will be written to the device.
Are you sure to continue? [Y/N]y                               #输入 y
Info: Please input the file name ( *.cfg, *.zip ) [vrpcfg.zip]: #按 Enter 键确认
Now saving the current configuration to the slot 0.
Save the configuration successfully.                           #提示成功保存配置
```

(4) 删除配置信息。

```
<Huawei>reset saved – configuration                            #删除保存的配置信息
Warning: The action will delete the saved configuration in the device.
The configuration will be erased to reconfigure.Continue? [Y/N]:y    #输入"y"
Warning: Now clearing the configuration in the device.
Info: Succeeded in clearing the configuration in the device.        #提示成功删除配置
```

(5) 路由器重启。

```
<Huawei>reboot
Info: The system is comparing the configuration, please wait.
Warning: All the configuration will be saved to the next startup configuration.
Continue ? [y/n]:y                                             #输入 y 继续
   It will take several minutes to save configuration file, please wait......
```

```
   Configuration file had been saved successfully
   Note：The configuration file will take effect after being activated
System will reboot! Continue？[y/n]:y #输入 y 继续
Info：system is rebooting ,please wait...
Press any key to get started #重启完成,按任意键开始
<Huawei >
```

注意

在输入配置命令前，一定要确认当前所处的视图模式，否则会出现命令不能识别的情况。

（6）添加静态路由。

```
[Huawei]ip route－static Destination IP address｛mask｜mask－length｝｛nexthop－
address ｜interface－type interface－number ｝
```

说明

ip route－static：配置静态路由的命令动词。

Destination IP address：非直连网络的目标网络地址（不是具体的主机地址）。

mask｜ mask－length：子网掩码或子网掩码的长度。

nexthop－address ｜ interface－type interface－number：下一跳路由器的接口 IP 地址或本地路由器出接口类型和接口号。

（7）删除静态路由。

```
[Huawei]undo ip route－static Destination IP address｛mask｜mask－length｝
```

（8）配置默认路由。默认路由是一种特殊的静态路由，是 IP 数据包中的目的地址找不到存在的其他路由时由路由器所选择的路由。如果路由器上配置有默认路由，目的地不在路由器的路由表中的所有数据包都会使用默认路由。

配置默认路由与静态路由的命令格式类似，目标网络项以 0.0.0.0 0.0.0.0 形式出现，其中 0.0.0.0 表示目标网络，0.0.0.0 表示子网掩码。默认路由通常应用于末梢网络中。

```
[Huawei]ip route － static 0.0.0.0 0.0.0.0 ｛nexthop － address｜interface － type
interface－number ｝
```

（9）删除默认路由。

```
[Huawei]undo ip route－static 0.0.0.0 0.0.0.0
```

6.2 实训任务

路由器概述与
首次登录路由
器的基本配置

6.2.1 首次登录路由器的基本配置

1. 任务目标

（1）配置系统时区、日期和时间。

（2）配置设备名称和管理 IP 地址。

（3）配置 Telnet 远程登录，Telnet 用户级别为 15 级，认证方式为 AAA。

（4）对配置的 Telnet 远程登录进行登录验证。

2. 任务环境

远程登录配置拓扑图如图 6–10 所示。

图 6–10　远程登录配置拓扑图

3. 任务实施

步骤 1：PC1 通过设备 Console 口登录设备。

步骤 2：设置系统的时区、日期和时间。

```
<Huawei> clock timezone BJ add 08:00:00
#配置路由器的时区为北京时区(东八区)
<Huawei> clock datetime 20:10:00 2024-05-26
#配置路由器的当前日期和时间为 2024 年 5 月 26 日 20 点 10 分
```

步骤 3：设置设备名称和管理 IP 地址。

```
<Huawei> system-view
[Huawei] sysname Router
[Router] interface gigabitethernet 0/0/1
[Router-GigabitEthernet0/0/1] ip address 10.254.10.1 24
#配置接口地址
[Router-GigabitEthernet0/0/1] quit
```

步骤 4：设置 Telnet 用户的级别和认证方式。

```
[Router] telnet server enable
[Router] user-interface vty 0 4
[Router-ui-vty0-4] user privilege level 15
[Router-ui-vty0-4] authentication-mode aaa
[Router-ui-vty0-4] quit
```

```
[Router] aaa
[Router -aaa] local-user admin123 password cipher huawei@123
#配置本地用户名为 admin123,密码为 huawei@ 123
[Router -aaa] local-user admin123 privilege level 15
#配置本地用户 admin123 登录的权限级别为 15
[Router -aaa] local-user admin123 service-type telnet
#配置本地用户的服务类型为 Telnet
[Router -aaa] quit
```

步骤5：验证配置结果。

完成以上配置后，可以从 PC2 以 Telnet 方式远程登录路由器。执行"开始→运行→cmd"命令，打开命令行提示符窗口，执行 telnet 命令，尝试远程登录路由器。

```
C:\Documents and Settings\Administrator > telnet 10.254.10.1
```

按 Enter 键后，在登录窗口中输入用户名和密码。验证通过后，出现用户视图的命令行提示符，说明远程登录成功。

```
    Login authentication
    Username:admin123
    Password:
    Sever
<Router >
```

4. 注意事项

• 利用 PC2 登录设备时，使用的用户名和密码要和设备的配置保持一致。

• 在 PC2 上执行 Telnet 操作时，必须保证 PC2 与路由器能够正常通信。

• 输入密码时，终端屏幕上不会有任何提示，如果密码不正确，在按 Enter 键确认时会弹出相应的错误提示信息。

• 在华为 eNSP 模拟器中验证 Telnet 远程登录配置时，需要使用路由器来模拟 PC2（模拟器中的 PC 无法执行 Telnet 命令）。将两台路由器连接，在模拟 PC2 的路由器端口上配置与对端路由器端口 IP 地址处于同一网络的 IP 地址（如 10.254.10.2/24），使其能与被登录路由器正常通信即可。

6.2.2　配置路由器静态路由

1. 任务目标

（1）掌握路由器端口地址的配置命令。

（2）掌握路由器静态路由的配置命令。

（3）掌握查看路由表的命令。

配置静态路由

2. 任务环境

任务拓扑图即配置路由器静态路由拓扑图，如图 6-11 所示。

3. 任务实施

步骤1：硬件连接。

（1）图6-11中，利用配置线将PC1的COM1端口与路由器A的Console端口连接起来，实现由PC1对路由器进行配置管理。

图6-11　配置路由器静态路由拓扑图

（2）用直通线将PC1、PC2分别连接到RouterA和RouterB的G0/0/1、G0/0/2端口上，用级联线将RouterA和RouterB的G0/0/0端口连接起来。

步骤2：配置PC1、PC2的IP地址、子网掩码和网关。

PC1的IP地址为192.168.1.10，子网掩码为255.255.255.0，网关为192.168.1.1。

PC2的IP地址为192.168.2.20，子网掩码为255.255.255.0，网关为192.168.2.1。

步骤3：RouterA基本配置。

```
<Huawei>system-view                                          #切换到系统视图
[Huawei]undo info-center enable                              #关闭信息中心
Info: Information center is disabled.
[Huawei]sysname RouterA                                      #配置路由器名为RouterA
[RouterA]display ip routing-table                            #查看路由表
Route Flags: R - relay, D - download to fib
--------------------------------------------------------------------------
Routing Tables: Public
        Destinations : 4        Routes : 4
Destination/Mask      Proto    Pre  Cost   Flags  NextHop      Interface
     127.0.0.0/8      Direct   0    0      D      127.0.0.1    InLoopBack0
     127.0.0.1/32     Direct   0    0      D      127.0.0.1    InLoopBack0
127.255.255.255/32    Direct   0    0      D      127.0.0.1    InLoopBack0
255.255.255.255/32    Direct   0    0      D      127.0.0.1    InLoopBack0
[RouterA]interface g0/0/1                                     #切换到接口视图模式
[RouterA-GigabitEthernet0/0/1]ip address 192.168.1.1 24      #配置接口地址
[RouterA-GigabitEthernet0/0/1]interface g0/0/0               #切换到接口视图模式
[RouterA-GigabitEthernet0/0/0]ip address 10.254.12.1 30      #配置接口地址
```

```
[RouterA-GigabitEthernet0/0/0]quit
[RouterA]ip route-static 192.168.2.0 24 10.254.12.2          #配置静态路由项
[RouterA]display ip routing-table          #查看路由表,注意与第一次查看对比
Route Flags: R - relay, D - download to fib
----------------------------------------------------------------
--------------
Routing Tables: Public
          Destinations : 11        Routes : 11
Destination/Mask     Proto   Pre  Cost    Flags  NextHop        Interface
     10.254.12.0/30  Direct  0    0       D      10.254.12.1    GigabitEthernet
0/0/0
     10.254.12.1/32  Direct  0    0       D      127.0.0.1      GigabitEthernet
0/0/0
     10.254.12.3/32  Direct  0    0       D      127.0.0.1      GigabitEthernet
0/0/0
     127.0.0.0/8     Direct  0    0       D      127.0.0.1      InLoopBack0
     127.0.0.1/32    Direct  0    0       D      127.0.0.1      InLoopBack0
127.255.255.255/32   Direct  0    0       D      127.0.0.1      InLoopBack0
     192.168.1.0/24  Direct  0    0       D      192.168.1.1    GigabitEthernet
0/0/1
     192.168.1.1/32  Direct  0    0       D      127.0.0.1      GigabitEthernet
0/0/1
   192.168.1.255/32  Direct  0    0       D      127.0.0.1      GigabitEthernet
0/0/1
     192.168.2.0/24  Static  60   0       RD     10.254.12.2    GigabitEthernet
0/0/0
255.255.255.255/32   Direct  0    0       D      127.0.0.1      InLoopBack0
```

步骤 4：RouterB 基本配置（与 RouterA 配置类似）。

```
<Huawei>system-view                              #切换到系统视图
[Huawei]undo info-center enable                  #关闭信息中心
Info: Information center is disabled.
[Huawei]sysname RouterB                          #配置路由器名为 RouterB
[RouterB]display ip routing-table                #查看路由表
[RouterB]interface g0/0/1                         #切换到接口视图模式
[RouterB-GigabitEthernet0/0/1]ip address 192.168.2.1 24       #配置接口地址
[RouterB-GigabitEthernet0/0/1]interface g0/0/0               #切换到接口视图模式
[RouterB-GigabitEthernet0/0/0]ip address 10.254.12.2 30       #配置接口地址
[RouterB-GigabitEthernet0/0/0]quit
[RouterB]ip route-static 192.168.1.0 24 10.254.12.1          #配置静态路由项
[RouterB]display ip routing-table             #查看路由表,注意与第一次查看对比
```

步骤 5：测试连通性。在 PC1 的命令行执行 ping 192.168.2.20，如下所示，表示能够 ping 通。

```
PC > ping 192.168.2.20
Ping 192.168.2.20: 32 data bytes, Press Ctrl_C to break
From 192.168.2.20: bytes = 32 seq = 1 ttl = 254 time = 16 ms
From 192.168.2.20: bytes = 32 seq = 2 ttl = 254 time = 16 ms
From 192.168.2.20: bytes = 32 seq = 3 ttl = 254 time = 15 ms
From 192.168.2.20: bytes = 32 seq = 4 ttl = 254 time = 15 ms
From 192.168.2.20: bytes = 32 seq = 5 ttl = 254 time = 15 ms
 --- 192.168.2.20 ping statistics ---
    5 packet(s) transmitted
    5 packet(s) received
    0.00% packet loss
    round - trip min/avg/max = 15/15/16 ms
```

4. 配置注意事项:

- 正确配置各路由器各接口的 IP 地址,使网络互通。
- 保证两个路由器互连接口的 IP 地址配置在同一网络,并且可以正常通信。
- 在各主机上配置默认网关。
- 配置期间用查看命令来查看所做配置是否正确有效,如有错误及时更正。
- 实际网络连接时,主机大多是连接到汇聚层交换机,经由核心层交换机后间接接入到路由器上,很少将主机直接连接到路由器上,本实训拓扑图仅是为了方便讲解静态路由配置而构建的。

6.3 拓展阅读

云计算与大数据

1. 云计算

云计算是分布式计算的一种,指的是通过网络"云"将巨大的数据计算处理程序分解成无数个小程序,然后,通过多部服务器组成的系统进行处理和分析这些小程序得到结果并返回给用户。云计算最初的目标是对资源进行管理,主要集中在计算资源、网络资源和存储资源三个方面。美国国家标准与技术研究院定义:云计算是一种按使用量付费的模式,这种模式提供可用的、便捷的、按需的网络访问,进入可配置的计算资源共享池(资源包括网络、服务器、存储、应用软件、服务),这些资源能够被快速提供,只需投入很少的管理工作,或服务器供应商进行很少的交互。

云计算服务类型分为三类,即基础设施即服务(IaaS)、平台即服务(PaaS)和软件即服务(SaaS)。基础设施即服务是由云计算提供商向个人或组织提供虚拟化计算资源,如虚拟机、存储、网络和操作系统。平台即服务为开发人员提供通过全球互联网构建应用程序和服务的平台。软件即服务通过互联网提供按需软件付费应用程序,云计算提供商托管和管理软件应用程序,并允许其用户连接到应用程序并通过全球互联网访问应用程序。

2. 大数据

大数据,或称巨量资料,指的是所涉及的资料量规模巨大到无法通过常规软件工具,在合理时间内达到撷取、管理、处理，并整理成为帮助企业经营决策更积极目的的资讯。IBM提出大数据的 5V 特点是大量（Volume）、高速（Velocity）、多样（Variety）、低价值密度（Value）、真实性（Veracity）。

数据挖掘是指从大量的数据中通过算法搜索隐藏于其中信息的过程。数据挖掘通常与计算机科学有关，并通过统计、在线分析处理、情报检索、机器学习、专家系统（依靠过去的经验法则）和模式识别等诸多方法来实现上述目标。数据挖掘过程模型步骤主要包括定义问题、建立数据挖掘库、分析数据、准备数据、建立模型、评价模型和实施。

从技术上看，大数据与云计算的关系就像一枚硬币的正反面一样密不可分。大数据必然无法用单台的计算机进行处理，必须采用分布式架构。它的特色在于对海量数据进行分布式数据挖掘。但它必须依托云计算的分布式处理、分布式数据库和云存储、虚拟化技术。

6.4 巩固练习

一、填空题

1. 广域网涉及 OSI/RM 中的_____、_____和_____。

2. ISDN 的基本速率中的有效数据传输速率为_____。

3. ADSL 的中文全称为_____，它能够提供最高_____的上行速率和最高_____的下行速率。

4. TCP/IP 协议簇中两个远程登录协议是_____和_____。

5. 常用的动态路由算法有_____和_____。

二、选择题

1. 目前世界上最大的广域网为（　　　）。

A. ARPANET　　　　B. ChinaNet　　　　C. CerNet　　　　D. Internet

2. 常用调制解调器支持的最大数据传输速率为（　　　）。

A. 16 Kbit/s　　　　B. 32 Kbit/s　　　　C. 56 Kbit/s　　　　D. 64 Kbit/s

3. 下列选项中，（　　　）表示光纤到户。

A. FTTB　　　　B. FTTH　　　　C. FTTI　　　　D. FTTO

4. 用于从电子邮件服务器上接收传来的电子邮件的协议为（　　　）。

A. FTP　　　　B. POP3　　　　C. HTTP　　　　D. SMTP

5. FTP 服务中匿名用户的账户名为（　　　）。

A. Administrator　　　　B. Guest　　　　C. anonymous　　　　D. user

6. WWW 客户机与 WWW 服务器之间的传输协议为（　　　）。

A. FTP　　　　B. Telnet　　　　C. UDP　　　　D. HTTP

7. Telnet 服务默认使用的端口号为（　　　）。

A. 20　　　　B. 21　　　　C. 23　　　　D. 53

8. HTTP 协议默认使用的端口号为（　　　）。

A. 20　　　　　　　　B. 21　　　　　　　　C. 23　　　　　　　　D. 80

9. 在下列选项中，（　　）视图下可以配置 IP 地址。

A. ＜ Huawei ＞　　　　　　　　　　　　B.［Huawei – ospf – 1］

C.［Huawei］　　　　　　　　　　　　　D.［Huawei – GigabitEthernet0/0/1］

10. 在下列选项中，（　　）视图下可以把当前的配置保存到存储设备中。

A. ＜ Huawei ＞　　　　　　　　　　　　B.［Huawei – ospf – 1］

C.［Huawei］　　　　　　　　　　　　　D.［Huawei – GigabitEthernet0/0/1］

三、简答题

1. FTP 与 Telnet 的作用是什么？它们的区别是什么？

2. 局域网接入 Internet 的方式有哪些？

3. 简述距离矢量路由选择算法和链路状态路由算法的工作原理。

四、实训练习

1. 练习环境

现有 3 台 AR2220 路由器，2 台 PC 互相连接，物理端口连接配置见表 6 – 3。

表 6 – 3　物理端口连接配置

设备名称	设备接口	目标设备	设备接口
RouterA	G0/0/0	RouterB	G0/0/0
RouterA	G0/0/1	PC1	E0/0/1
RouterB	G0/0/0	RouterA	G0/0/0
RouterB	G0/0/1	RouterC	G0/0/1
RouterC	G0/0/2	PC2	G0/0/2

PC1 的 IP 地址为 172. 16. 1. 10，子网掩码为 255. 255. 255. 0，网关为 172. 16. 1. 1。

PC2 的 IP 地址为 172. 16. 2. 20，子网掩码为 255. 255. 255. 0，网关为 172. 16. 2. 1。

路由器各端口地址按图 6 – 12 所示进行配置。

2. 练习拓扑图（图 6 – 12）

图 6 – 12　路由器配置拓扑图

3．练习要求

（1）为 3 台路由器和 2 台 PC 机配置 IP 地址等网络属性。

（2）配置 RouterA 的 Telnet 功能。认证方式为 AAA，用户登录级别为 15，用户名为 sdws，密码为 sdws@123。

（3）配置 3 台路由器的设备名分别为 RouterA、RouterB 和 RouterC。

（4）在 RouterA 和 RouterC 中配置默认路由，RouterB 中配置静态路由，使全网互通。

（5）查看各路由器的路由表。

（6）测试 PC1 与 PC2 的连通性。

（7）用 PC1 和 PC2 分别测试 RouterA 的 Telnet 远程登录功能。

（8）查看并保存路由器的配置信息。

项目 7

安装Windows Server 2016

【任务描述】

佳明父亲公司因业务发展，现需要架设一台高性能的网络服务器来为公司内外的用户提供服务。在完成硬件组装的基础上，需要选择一个合适的网络操作系统来实现相关的网络服务功能。综合考虑各方面因素后，佳明选择了 Windows Server 2016 Standard 网络操作系统。本项目将带领大家完成该网络操作系统的安装及基本的网络配置。

【职业能力目标】

知识目标
➤ 了解 Windows Server 2016 的不同版本
➤ 了解 Windows Server 2016 的安装方式
➤ 掌握安装 Windows Server 2016 的操作步骤

技能目标
➤ 能够完成 Windows Server 2016 的安装
➤ 能够完成 Windows Server 2016 的基本配置

素养目标
➤ 培养学生勤学善思、明辨笃行的职业精神

7.1 知识要点

7.1.1 Windows Server 2016 的特性

Windows Server 2016 提供了多项新特性和功能，旨在提高系统的安全性、可管理性和云计算集成。

1. 身份标识和访问控制

身份标识中的新功能提高了组织保护 Active Directory 环境的能力，并帮助他们迁移到仅限云的部署和混合部署，其中某些应用程序和服务托管在云中，其他的则托管在本地。

Windows Server 2016 中的 Active Directory 证书服务（AD CS）增加了对 TPM（Trusted

Platform Module）密钥证明的支持，现可使用智能卡 KSP（Key Storage Provider）进行密钥证明，而未加入域的设备现在可以使用网络设备注册服务注册，以获得可证明 TPM 中密钥的证书。

2. 虚拟化改进

Windows Server 2016 提供的虚拟化区域包括适用于 IT 专业人员的虚拟化产品和功能，以设计、部署和维护 Windows Server。

Windows Server 2016 中的 Hyper - V 可以查看授权运行的受保护的虚拟机上的构造，为构造管理员提供了一种打开受保护的虚拟机的密钥保护程序并查看构造是否有权在其上运行的方式。此外，还支持使用 Windows PowerShell Direct 执行 Cmdlet，这是一种从主机将 VM（Virtual Manufacturing）设置为 VMConnect 或 Remote PowerShell 的替代方案，无需满足任何网络或防火墙需求，简化了远程管理过程。

Windows Server 2016 上的 Nano Server 具有一个已更新的模块，用于构建 Nano Server 映像，包括物理主机和来宾虚拟机功能的更大分离度，以及对不同 Windows Server 版本的支持。恢复控制台也有改进，其中包括入站和出站防火墙规则分离及 WinRM 配置修复功能。利用 Emergency Management Console，用户可以直接从 Nano Server 控制台中查看和修复网络配置；借助新的 PowerShell 脚本，用户可以创建一个 Nano Azure 虚拟机。

3. 系统管理

Windows Server 2016 新增支持在 Nano Server 上本地运行 PowerShell. exe（不再仅限于远程）、新增"本地用户和组"Cmdlet 来替换 GUI（Graphical User Interface）、添加了 PowerShell 调试支持、添加了对 Nano Server 中安全日志记录和脚本以及 JEA（Just Enough Administration）的支持等功能。

4. 安全和保障

Windows Server 2016 引入了许多新的安全功能，包括安全的虚拟化、硬件安全和健壮性等方面的增强。为企业提供了更好的抵御威胁的能力。安全和保障部分包含适用于 IT 专业人员的安全解决方案和功能，可支持在数据中心和云环境中进行部署。

5. 云整合

Windows Server 2016 支持云整合，可以轻松地将本地服务器和云平台进行无缝集成。它提供了云平台的虚拟机和容器部署，可实现高度可伸缩的应用程序支持。

6. 存储和网络的改进

Windows Server 2016 改进了存储和网络的性能和可靠性。它引入了新的存储空间直通技术，可以显著提高存储的性能。此外，它还提供了更好的网络性能和可靠性，包括网络控制器、负载均衡和防火墙等功能的增强。

7.1.2 Windows Server 2016 的版本

Windows Server 2016 主要有 4 个版本，即 Windows Server 2016 Essentials edition（精华版）、Windows Server 2016 Standard edition（标准版）、Windows Server 2016 Datacenter edition（数据中心板）、Microsoft Hyper - V Server 2016。

1. Windows Server 2016 Essentials edition

Windows Server 2016 Essentials 版是专为小型企业而设计的。它对应于 Windows Server 早期版本中的 Windows Small Business Server。此版本最多可容纳 25 个用户和 50 台设备。它支持两个处理器内核和高达 64 GB 的 RAM。它不支持 Windows Server 2016 的许多功能，包括虚拟化。

2. Windows Server 2016 Standard edition

Windows Server 2016 标准版是为具有很少或没有虚拟化的物理服务器环境设计的。它提供了 Windows Server 2016 操作系统可用的许多角色和功能。此版本最多支持 64 个插槽和最多 4TB 的 RAM。它包括最多两个虚拟机的许可证，并且支持 Nano 服务器安装。

3. Windows Server 2016 Datacenter edition

Windows Server 2016 数据中心版专为高度虚拟化的基础架构设计，包括私有云和混合云环境。它提供 Windows Server 2016 操作系统可用的所有角色和功能。此版本最多支持 64 个插槽，最多 640 个处理器内核和最多 4 TB 的 RAM。它为在相同硬件上运行的虚拟机提供了无限基于虚拟机许可证。它还包括新功能，如存储空间直通和存储副本，以及新的受防护的虚拟机和软件定义的数据中心场景所需的功能。

4. Microsoft Hyper – V Server 2016

此版本作为运行虚拟机的独立虚拟化服务器，包括 Windows Server 2016 中虚拟化的所有新功能。主机操作系统没有许可成本，但每个虚拟机必须单独获得许可。此版本最多支持 64 个插槽和最多 4 TB 的 RAM。它支持加入域。除了有限的文件服务功能，它不支持其他 Windows Server 2016 角色。此版本没有 GUI，但有一个显示配置任务菜单的用户界面。

7.1.3　Windows Server 2016 各版本的安装需求

支持 Windows Server 2016 的服务器，也支持 Windows Server 2016。它的最低配置要求如下：

1. 中央处理器

最少为 1.4 GHz 的 64 位处理器；支持 NX 或 DEP；支持 CMPXCHG16B、LAHF/SAHF 与 prefetchW；支持 SLAT（EPT 或 NPT）。

2. RAM

（包含桌面体验的服务器）最少需 2 GB。

3. 硬盘

硬盘空间最少为 32 GB。不支持已经淘汰的 IDE 硬盘（PATA 硬盘）。

7.1.4　Windows Server 2016 的安装选项

Windows Server 2016 提供以下三种安装选项。

1. 包含桌面体验的服务器

它会安装标准的图形用户界面，并支持所有的服务与工具。由于包含图形用户界面（GUI），因此用户可以通过友好的图形化接口与管理工具来管理服务器。这是我们通常选择的选项。

2. Server Core

安装完成后的环境没有窗口管理接口，因此只能使用命令提示符、Windows PowerShell 或通过远程计算机来管理此台服务器。有些服务在 Server Core 模式下并不被支持，除非有图形化接口或特殊服务的使用需求，否则这是微软建议的安装选项。

3. Nano Server

类似 Server Core，但明显较小，只支持 64 位应用程序与工具。它没有本地登录功能，只能通过远程管理来访问此服务器，已针对私有云和数据中心进行了优化。比起其他选项，它占用的磁盘空间更小，配置速度更快，而且所需的更新和重新启动次数更少。

7.1.5　Windows Server 2016 的安装方式

Windows Server 2016 有多种安装方式，分别适用于不同的环境，选择合适的安装方式可以提高工作效率。

1. 全新安装

请利用包含 Windows Server 2016 的 U 盘来启动计算机，并执行 U 盘中的安装程序。若磁盘内已经有旧版 Windows 系统，也可以先启动此系统，然后插入 U 盘来执行其中的安装程序；也可以直接执行 Windows Server2016 ISO 文件内的安装程序。

2. 升级安装

Windows Server 2016 的任何版本都不能在 32 位机器上进行安装或升级。遗留的 32 位服务器要想运行 Windows Server 2016，当前服务器必须升级到 64 位系统。

在开始升级 Windows Server 2016 之前，要确保断开一切 USB 或串口设备，Windows Server 2016 安装程序会发现并识别它们，在检测过程中会发现 UPS 系统等此类问题。可以安装传统监控，然后再连接 USB 或串口设备。

3. 软件升级的限制

Windows Server 2016 的升级过程也存在一些软件限制。例如，不能从一种语言升级到另一种语言，Windows Server 2016 不能从零售版本升级到调试版本，不能从 Windows Server 2016 预发布版本直接升级。在这些情况下，需要将原版本卸载干净再进行安装。从一个服务器核心升级到 GUI 安装模式是不允许的，反过来同样不可行。但是一旦安装了 Windows Server 2016，就可以在各模式之间自由切换了。

4. 通过 Windows 部署服务远程安装

如果网络中已经配置了 Windows 部署服务，则通过网络远程安装也是一种不错的选择。但需要注意的是，采取这种安装方式必须确保计算机网卡具有预启动执行环境（PXE）芯片，支持远程启动功能。否则，需要使用 rbfg.exe 程序生成启动 U 盘来启动计算机进行远程安装。

在利用 PXE 功能启动计算机的过程中，根据提示信息按引导键（一般为 F12 键），会显示当前计算机所使用的网卡的版本等信息，并提示用户按 "F12" 键来启动网络服务引导。

5. 服务器核心安装

服务器核心是从 Windows Server 2008 开始新推出的功能。确切地说，Windows

Server 2016 服务器核心是微软公司革命性的功能部件，是不具备图形界面的纯命令行服务器操作系统，只安装了部分应用和功能，因此会更加安全和可靠，同时降低了管理的复杂度。

通过磁盘阵列（RAID）卡实现磁盘冗余是大多数服务器常用的存储方案，既可提高数据存储的安全性，又可提高网络传输速度。带有 RAID 卡的服务器在安装和重新安装操作系统之前，往往需要配置 RAID。不同品牌和型号服务器的配置方法略有不同，应注意查看服务器使用手册。对于品牌服务器而言，也可以使用随机提供的安装向导光盘引导服务器，这样，将会自动加载 RAID 卡和其他设备的驱动程序，并提供相应的 RAID 配置界面。

7.2　实训任务

7.2.1　安装 Windows Server 2016

1. 任务目标

（1）掌握 Vmware Workstation17.5 软件的下载及安装步骤。

（2）掌握在 VMware Workstation17.5 软件中安装 Windows Server 2016 的操作步骤。

Windows Server 操作系统的安装

2. 任务环境

（1）安装 Windows 10 操作系统的计算机 1 台。

（2）安装前的注意事项。为了保证 Windows Server 2016 的顺利安装，在开始安装前必须做好相应的准备工作，如检查硬件是否满足最低配置要求、备份重要文件和检查系统兼容性等。

● 切断非必要的硬件连接。如果当前计算机正与打印机、扫描仪等非必要外设连接，建议在运行安装程序之前将这些连接断开，因为安装程序将自动监测连接到计算机串行端的所有设备。

● 检查硬件和软件兼容性。为升级启动安装程序时，执行的第一个过程就是检查计算机硬件和软件的兼容性。

● 备份文件。如果是从其他操作系统升级到 Windows Server 2016，建议在升级前备份当前文件，包括含有配置信息（如系统状态、系统分区和启动分区等）的所有内容，以及所有的用户和相关数据。

● 断开网络连接。如果不是通过网络安装操作系统，在安装之前建议断网，避免新安装系统染上计算机病毒。

● 规划分区。Windows Server 2016 要求必须安装在 NTFS（新技术文件系统）分区上，全新安装时会默认按 NTFS 文件系统来格式化磁盘，因此如果是升级安装，必须保证分区为 NTFS 格式。

3. 任务实施

本任务利用 VMware 虚拟机来完成，首先安装 VMware Workstation 软件，安装完毕后启动该软件（本实验中安装的 VMware Workstation 的版本为 17.5.0 build – 22583795）。

步骤1：选择"文件"→"新建虚拟机"命令，在打开的"新建虚拟机向导"窗口中选中"典型（推荐）"单选按钮，单击"下一步"按钮，如图 7 – 1 所示。

图 7 – 1   使用新建虚拟机向导

步骤2：在"新建虚拟机向导"窗口中，选中"稍后安装操作系统"单选按钮，单击"下一步"按钮，如图 7 – 2 所示。

图 7 – 2   安装客户机操作系统

步骤 3：在"新建虚拟机向导"窗口中，在"客户机操作系统"列表框中选择 Microsoft Windows 操作系统，版本中选择 Windows Server 2016，单击"下一步"按钮，如图 7 - 3 所示。

图 7 - 3　安装客户机操作系统

步骤 4：在"新建虚拟机向导"窗口中，虚拟机名称中采用默认的 Windows Server 2016，"位置"文本框为安装完毕后虚拟机文件所在的目录，可以通过点击"浏览"按钮选择安装位置（可在"编辑"→"首选项"中更改默认位置，建议将该目录设置在非系统分区中），单击"下一步"按钮，如图 7 -4 所示。

图 7 -4　命名虚拟机

步骤5：在"新建虚拟机向导"窗口中，设置最大磁盘大小为60GB，选中"将虚拟磁盘拆分为多个文件"单选按钮，单击"下一步"按钮，如图7-5所示。

图7-5 指定磁盘容量

步骤6：图7-6中所示为"新建虚拟机向导"窗口中显示出刚才进行的设置，单击"完成"按钮便可完成该虚拟机的环境设置。

图7-6 已准备好创建虚拟机

步骤 7：在 VMware Workstation 软件界面中选择"虚拟机"→"设置"命令，弹出"虚拟机设置"对话框，如图 7-7 所示，选择"硬件"选项卡，在"连接"选项区域中选中"使用 ISO 映像文件"单选按钮，单击"浏览"按钮，选择 Windows Server 2016 镜像文件所在的位置，单击"确定"按钮。

图 7-7　"虚拟机设置"对话框

步骤 8：在主界面中单击"开启此虚拟机"按钮，正式进入 Windows Server 2016 的安装界面，如图 7-8 所示。

图7-8 开启此虚拟机

步骤9：进入安装程序后，首先需要选择要安装的语言、时间和货币格式、键盘和输入方法，如图7-9所示。

图7-9 Windows 安装程序

144

步骤 10：单击"下一步"按钮，会出现询问是否立即安装 Windows Server 2016 的窗口，单击"现在安装"即可，如图 7 - 10 所示。

图 7 - 10　现在安装

步骤 11：在选择要安装的操作系统对话框中，选择 Windows Server 2016 Standard Evaluation（桌面体验），这个选项安装完毕后会是带有图形界面的系统，单击"下一步"按钮，如图 7 - 11 所示。

图 7 - 11　选择要安装的操作系统

步骤 12：选中"我接受许可条款"复选框，单击"下一步"按钮，如图 7-12 所示。

图 7-12　许可条款

步骤 13：在"你想执行哪种类型的安装？"对话框中，如果当前计算机没有安装操作系统，选择"自定义：仅安装 Windows（高级）"选项。选择安装类型如图 7-13 所示。

图 7-13　选择安装类型

步骤 14：在"你想将 Windows 安装在哪里？"对话框中，选择相应的驱动器，单击"下一步"按钮，如图 7-14 所示。

图 7-14   选择安装位置

步骤 15：图 7-15 所示为显示正在安装 Windows，开始复制 Windows 文件并安装。

图 7-15   正在安装 Windows

步骤16：在安装过程中，系统会根据需要自动重启。在安装过程完成前，系统会要求用户设置管理员（Administrator）的密码（图7-16），注意，Windows Server 2016 对密码有复杂度要求（图7-17），如果设置的密码不符合要求，会弹出提示"你键入的密码不符合管理员为你的网络或组设置的密码复杂性要求，请从你的管理员处获取这些要求，然后键入一个新密码"（图7-18）。安装完 Windows Server 2016 系统后，打开"开始"→"管理工具"命令，打开"管理工具"窗口，双击"本地安全策略"打开"本地安全策略"窗口，选择"账户策略"→"密码策略"选项，将"密码必须符合复杂性要求"设置为禁用，即可修改密码为普通等级。

图7-16　设置管理员账户密码

图7-17　密码复杂性要求

图7-18　密码不符合复杂性要求

步骤17：设置好密码后，按 Enter 键，即可完成 Windows Server 2016 的安装。按 Ctrl + Alt + Delete 组合键，输入设置的密码就可以登录 Windows Server 2016。

7.2.2　配置 Windows Server 2016

在完成 Windows Server 2016 的安装之后，先进行一些必要的基本配置，如计算机名、IP 地址等，便于操作系统的使用。

1. 任务目标

（1）掌握配置计算机和工作组的操作步骤。

（2）掌握配置网络常用功能的操作步骤。

（3）掌握添加角色和功能的操作步骤。

2. 任务环境

已安装好 Windows Server 2016 的计算机 1 台。

3. 任务实施

子任务 1：配置计算机名称。

Windows Server 2016 在安装过程中不需要用户设置计算机名称，而是由系统随机配置一个计算机名。系统配置的计算机名一般都比较长，不便于辨识和记忆，因此在系统安装完成后有必要重新设置一个有意义、便于记忆的计算机名称。

步骤 1：选择"开始"→"服务器管理器"，或者直接单击桌面左下角"开始"按钮右边的服务器管理器按钮，打开"服务器管理器"窗口，如图 7 – 19 所示。

图 7 – 19　"服务器管理器"对话框

步骤 2：单击仪表板下方的"本地服务器"，可以查看本地服务器的属性，其中包括计算机名和工作组名。单击计算机名，弹出"系统属性"对话框，如图 7 – 20 所示。

步骤 3：单击"更改"按钮，显示"计算机名/域更改"对话框。在"计算机名"文本框中键入新的名称，如 SERVER 2016。在"工作组"文本框中设置计算机所处的工作组，如图 7 –21 所示。

步骤 4：单击"确定"按钮，弹出"重新启动计算机"提示框，提示必须重新启动计算机才能应用这些更改，如图 7 –22 所示。

步骤 5：单击"确定"按钮，回到"系统属性"对话框，再单击"关闭"按钮，关闭"系统属性"对话框。

图 7 – 20 "系统属性"对话框

图 7 – 21 "计算机名/域更改"对话框

步骤 6：按图 7 – 23 所示，单击"立即重新启动"按钮，即可重新启动计算机并应用新的计算机名。若选择"稍后重新启动"，则不会立即重新启动计算机，所做的设置不会生效。

图 7 – 22 "计算机名/域更改"对话框

图 7 – 23 "重新启动计算机"对话框

子任务 2：配置网络。

网络配置是提供各种网络服务的前提。Windows Server 2016 安装完成后，默认自动从网络中的 DHCP 服务器获得 IP 地址。但是，由于 Windows Server 2016 需要为网络提供各种服务，因此通常需要设置静态 IP 地址。

步骤 1：配置 IP 地址。

（1）右击任务栏右侧的网络连接图标，在弹出的快捷菜单中选择"打开网络和共享中心"命令，打开图 7 – 24 所示的"网络和共享中心"窗口。

图 7-24 "网络和共享中心"窗口

（2）单击"Ethernet0"超链接，弹出"Ethernet0 状态"对话框，如图 7-25 所示。

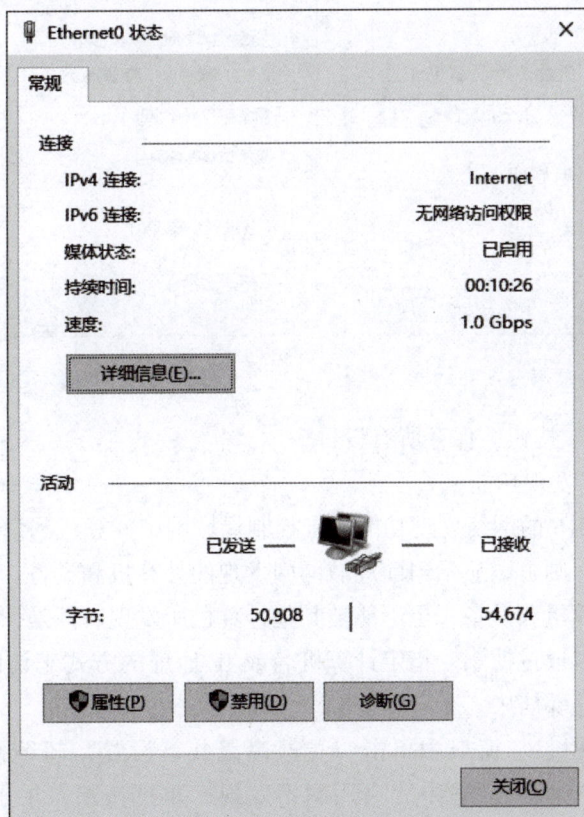

图 7-25 "Ethernet0 状态"对话框

（3）单击"属性"按钮，弹出"Ethernet0 属性"对话框。如图 7 - 26 所示。Windows Server 2016 中包含 IPv6 和 IPv4 两个版本的 Internet 协议，并且默认都已启用。

（4）在"此连接使用下列项目"列表框中选中"Internet 协议版本 4（TCP/IPv4）"，复选框，单击"属性"按钮，弹出"Internet 协议版本 4（TCP/IPv4）属性"对话框，如图 7 -27 所示。选中"使用下面的 IP 地址"单选按钮，分别输入为该服务器分配的 IP 地址、子网掩码、默认网关和 DNS 服务器。如果要通过 DHCP 服务器获取 IP 地址，则选中"自动获得 IP 地址"单选按钮。

图 7 - 26 "Ethernet0 属性"对话框

图 7 - 27 "TCP/IPv4 属性"对话框

（5）单击"确定"按钮，保存所有设置。

步骤 2：启用网络发现功能。

Windows Server 2016 的网络发现功能用来控制局域网中计算机和设备的发现与隐藏。如果启用网络发现功能，则可以显示当前局域网中发现的计算机和设备；禁用该功能，则不能发现网络中的其他计算机和设备，也不能被其他计算机所发现。但是，即使禁用网络发现功能，其他计算机仍可以通过搜索、指定计算机名或 IP 地址的方式来访问该计算机，但不用显示在其他用户的网上邻居中。

在"网络和共享中心"窗口中单击"更改高级共享设置"超链接，弹出图 7 - 28 所示的"高级共享设置"窗口，选中"启用网络发现"单选按钮，单击"保存更改"按钮即可。

图 7-28　"高级共享设置"窗口

　　设置完毕后，当我们再次打开"高级共享设置"时，发现对话框中显示的仍然是"关闭网络发现"，这个问题可以通过启动 3 个服务来解决。选择"开始"→"Windows 管理工具"命令，打开"管理工具"窗口，双击"服务"，打开图 7-29 所示的"服务"窗口。

图 7-29　"服务"窗口

在该窗口中将 Function Discover Resource Publication、SSDP Discovery、UPnp Device Host 3 个服务设置为自动并启动，再次打开"高级共享设置"窗口设置后，启用网络服务就可以生效了。

步骤 3：设置文件和打印机共享。

通过启用或关闭文件共享功能，可实现为其他用户提供服务或访问其他计算机共享资源。在图 7 – 30 所示的"高级共享设置"窗口中，选中"启用文件和打印机共享"单选按钮，单击"保存更改"按钮，可启用文件和打印机共享功能。

图 7 – 30 "高级共享设置"对话框（一）

步骤 4：设置密码保护的共享。

在"高级共享设置"窗口中单击"所有网络"右侧的按钮，展开"所有网络"的高级共享，如图 7 – 31 所示。

（1）可以选择"启用共享以便可以访问网络的用户可以读取和写入公用文件夹中的文件"。

（2）如果启用密码保护共享功能，则其他用户必须使用当前计算机上有效的用户账户和密码才可以访问共享资源。Windows Server 2016 默认启用该功能。

步骤 5：配置防火墙。

Windows Server 2016 同之前的版本一样，也是自带防火墙功能的，而且默认是自动启用防火墙。在防火墙启用的情况下，系统会阻止网络中访问行为，如我们常用的 ping 命令默认就是被阻止的。由于我们在做网络实验时，不可避免地会利用 ping 命令来做一些网络测试行为，因此建议大家在做网络测试实验时暂时关闭防火墙功能。

（1）选择"开始"→"控制面板"命令，打开"控制面板"窗口，单击"系统和安全"超链接，打开"系统和安全"窗口，单击"Windows Defender 防火墙"超链接，打开"Windows Defender 防火墙"窗口，如图 7 – 32 所示。

图 7 - 31　"高级共享设置"对话框（二）

图 7 - 32　"Windows Defender 防火墙"窗口

（2）单击左侧的"启动或关闭 Windows Defender 防火墙"超链接，打开"自定义设置"窗口，如图 7 - 33 所示。根据使用的网络类型选中"关闭 Windows Defender 防火墙（不推荐）"单选按钮后，单击"确定"按钮。

图 7 - 33　"自定义设置"窗口

（3）返回"Windows Defender 防火墙"窗口，会看到相应类型网络下的防火墙状态变为关闭，如图 7 - 34 所示。

图 7 - 34　设置后的"Windows Defender 防火墙"对话框

子任务 3：添加角色和功能。

默认情况下，Windows Server 2016 不会安装任何组件，用户可以根据自己的实际需求来选择安装相应的网络服务。

步骤 1：选择"开始"→"服务器管理"窗口，"选择"管理"→"添加角色和功能"命令，启动添加角色和功能向导，显示如图 7－35 所示的"开始之前"对话框，该对话框中的内容用来提示用户此向导可以完成的工作及继续操作之前需要完成的任务。接下来，单击"下一步"按钮。

図 7－35　添加角色和功能向导——"开始之前"对话框

步骤 2：弹出"选择安装类型"对话框，如图 7－36 所示。选中"基于角色或基于功能的安装"单选按钮，单击"下一步"按钮。

步骤 3：弹出"选择目标服务器"对话框，如图 7－37 所示。选择"从服务器池中选择服务器"单选按钮，单击"下一步"按钮。

步骤 4：弹出"选择服务器角色"对话框，如图 7－38 所示。该对话框显示了所有可以安装的服务角色。如果角色前面的复选框没有被选中，则表示该网络服务尚未安装；如果已选中，则说明已经安装。在"角色"列表框中选中需要安装的网络服务即可。本例选中"Web 服务器（IIS）"复选框，将弹出"选择服务器角色"对话框，如图 7－39 所示。

步骤 5：单击"添加按钮"，返回"选择服务器角色"对话框，单击"下一步"按钮。

添加角色和功能向导   ☐   □   ✕

选择安装类型

目标服务器
SERVER2016

开始之前
安装类型
服务器选择
服务器角色
功能
确认
结果

选择安装类型。你可以在正在运行的物理计算机、虚拟机或脱机虚拟硬盘(VHD)上安装角色和功能。

◉ **基于角色或基于功能的安装**
通过添加角色、角色服务和功能来配置单个服务器。

○ **远程桌面服务安装**
为虚拟桌面基础结构(VDI)安装所需的角色服务以创建基于虚拟机或基于会话的桌面部署。

< 上一步(P)   下一步(N) >   安装(I)   取消

图 7 – 36   添加角色和功能向导——选择"安装类型"对话框

添加角色和功能向导   ☐   □   ✕

选择目标服务器

目标服务器
SERVER2016

开始之前
安装类型
服务器选择
服务器角色
功能
确认
结果

选择要安装角色和功能的服务器或虚拟硬盘。

◉ 从服务器池中选择服务器
○ 选择虚拟硬盘

服务器池

筛选器: [   ]

名称	IP 地址	操作系统
SERVER2016	192.168.1.8	Microsoft Windows Server 2016 Standard Evaluation

找到 1 个计算机

此页显示了正在运行 Windows Server 2012 或更新版本的 Windows Server 的服务器以及那些已经在服务器管理器中使用"添加服务器"命令添加的服务器。脱机服务器和尚未完成数据收集的新添加的服务器将不会在此页中显示。

< 上一步(P)   下一步(N) >   安装(I)   取消

图 7 – 37   添加角色和功能向导——"选择目标服务器"对话框

图 7-38　添加角色和功能向导——"选择服务器角色"对话框

图 7-39　添加角色和功能向导——"添加功能"对话框

步骤 6：选中需要安装的网络服务后，单击"下一步"按钮，弹出"选择功能"对话框，如图 7-40 所示，单击"下一步"按钮。

步骤 7：图 7-41 中，弹出"Web 服务器角色（IIS）"对话框后，显示出该角色的简介信息，单击"下一步"按钮。

图7-40　添加角色和功能向导——"选择功能"对话框

图7-41　添加角色和功能向导——"Web 服务器角色（IIS）"对话框

　　步骤8：弹出"选择角色服务"对话框，可以为该角色选择详细的组件，如图7-42所示。接下来，单击"下一步"按钮。

图 7 – 42　添加角色和功能向导——"选择角色服务"对话框

步骤 9：在弹出的"确认安装所选内容"对话框中，确认要在所选服务器中安装的角色、角色服务或功能，如图 7 – 43 所示。确认完毕后，单击"安装"按钮。

图 7 – 43　添加角色和功能向导——"确认安装所选内容"对话框

步骤 10：弹出"安装进度"对话框后，可以查看该角色和功能的安装进度，安装完成后，单击"关闭"按钮，如图 7 – 44 所示。

图 7-44　添加角色和功能向导——"安装进度"对话框

步骤 11：安装完毕后，在"服务器管理器"窗口左侧会显示所安装的网络服务，如图 7-45 所示。

图 7-45　"服务器管理器"窗口

子任务 4：删除角色和功能。

以删除"Web 服务器（IIS）"为例。

步骤 1：选择"开始"→"Windows 管理工具"→"服务器管理"，弹出"服务器管理"对话框，单击"管理"→"删除角色和功能"，启动"删除角色和功能向导"，显示图 7-46 所示的"开始之前"对话框。该对话框中的内容用来提示用户此向导可以完成的工作及继续操作之前需要完成的任务，单击"下一步"按钮。

图 7-46　删除角色和功能向导——"开始之前"对话框

步骤 2：在弹出的"选择目标服务器"对话框中选择"从服务器池中选择服务器"选项，单击"下一步"按钮，如图 7-47 所示。

步骤 3：在弹出的"删除服务器角色"对话框中显示了所有已经安装的服务角色。在此对话框中选择需要删除的角色。本例选中"Web 服务器（IIS）"复选框，如图 7-48 所示。单击"下一步"按钮。

步骤 4：在弹出的"删除功能"对话框中单击"NET Framework 4.5 功能"命令，弹出"删除角色和功能向导"对话框，如图 7-49 所示。

步骤 5：单击"删除功能"，返回"删除功能"对话框，单击"下一步"按钮。

步骤 6：在弹出的"确认删除所选内容"的对话框中确认需要从所选服务器中删除的角色、角色服务或功能。单击"删除"按钮，如图 7-50 所示。删除完成后的结果，如图 7-51 所示。

图 7-47　删除角色和功能向导——"选择目标服务器"对话框

图 7-48　删除角色和功能向导——"删除服务器角色"对话框

图 7-49　"删除功能"对话框

图 7-50　"确认删除所选内容"对话框

步骤 7：删除完毕后，在查看删除进度处可以看到已在该服务器上删除成功的提示信息，单击"关闭"按钮，即可完成角色的删除，如图 7－51 所示。

图 7－51　删除完成的结果

7.3　拓展阅读

HarmonyOS 与 OpenHarmony

1. HarmonyOS

鸿蒙 OS 是一款"面向未来"的操作系统，是华为公司开发的一款基于微内核、耗时 10 年、4000 多名研发人员投入开发、面向 5G 物联网、面向全场景的分布式操作系统。鸿蒙的英文名是 HarmonyOS，意为和谐。

鸿蒙 OS 将手机、电脑、平板、电视、工业自动化控制、无人驾驶、车机设备、智能穿戴统一成一个操作系统，并且该系统是面向下一代技术而设计的，能兼容全部安卓应用的所有 Web 应用。若安卓应用重新编译，在鸿蒙 OS 上，运行性能提升超过 60%。鸿蒙 OS 架构中的内核会把之前的 Linux 内核、鸿蒙 OS 微内核与 LiteOS 合并为一个鸿蒙 OS 微内核。创造一个超级虚拟终端互联的世界，将人、设备、场景有机联系在一起。同时由于鸿蒙系统微内核的代码量只有 Linux 宏内核的千分之一，其受攻击概率也大幅降低。鸿蒙 OS 将着力构建一个跨终端的融合共享生态，重塑安全可靠的运行环境，让开发者一次开发、多端部署，为消费者打造全场景智慧生活新体验。

2．OpenHarmony

HarmonyOS 是华为基于开源项目 OpenHarmony 开发的面向多种全场景智能设备的商用版本。华为已于 2020 年、2021 年分两次把鸿蒙操作系统的基础能力全部捐献给开放原子开源基金会。

OpenHarmony 是由开放原子开源基金会孵化及运营的开源项目，由基金会的 OpenHarmony 项目群工作委员会负责运作，遵循 Apache 2.0 等开源协议，目标是面向全场景、全连接、全智能时代，基于开源的方式，搭建一个智能终端设备操作系统的框架和平台。OpenHarmony 不兼容安卓。OpenHarmony 用户应用程序是一种基于服务原子化概念定义的新型应用。与传统终端用户应用程序不同，OpenHarmony 用户应用程序支持在 OpenHarmony 设备间跨端迁移、多端协同，一次开发多端部署，实现可分可合可流转。众多开发合作伙伴将以开源社区为中心，分阶段快速迭代，不断完善系统能力，逐步构建起面向万物互联时代的 OpenHarmony 生态。

7.4　巩固练习

一、填空题

1．Windows Server 2016 安装程序会创建一个名为_____的账户，需要完全控制计算机时可以使用这个账户。

2．Windows Server 2016 在设置计算机名时最长支持_____个字符。

3．Windows Server 2016 密码复杂度要求中，至少有_____个字符，包含四类字符中的三类字符，这四类字符分别指的是_____、_____、10 个基本数字和_____。

4．Windows Server 2016 只能安装在_____文件系统的分区中，否则安装过程中会出现错误提示而无法正常安装。

5．Windows Server 2016 标准版最多支持_____的 RAM。它包括最多两个虚拟机的许可证，并且支持 Nano 服务器安装。

二、选择题

1．操作系统最重要的功能是（　　　）。

A．分配、控制和调度计算机系统的硬件资源

B．共享网络资源

C．控制和管理计算机系统的所有资源

D．扩充计算机的功能

2．关于 Windows Server 2016 的叙述中的（　　　）不正确。

A．Windows Server 2016 是一个多任务操作系统

B．Windows Server 2016 是一个多用户操作系统

C．Windows Server 2016 是一个图形界面操作系统

D. Windows Server 2016 是一个 128 位操作系统

3. 下列选项中，（　　）不属于网络操作系统的基本功能。

A. 数据共享　　　　　　　　　　　　B. 网络管理

C. 文字处理　　　　　　　　　　　　D. 设备共享

4. 有一台服务器的操作系统是 Windows Server 2016，文件系统是 NTFS，无任何分区，现要求对该服务进行 Windows Server 2016 的安装，保留原数据，但不保留操作系统，应使用下列（　　）种方法进行安装才能满足需求。

A. 在安装过程中进行全新安装并格式化磁盘

B. 对原操作系统进行升级安装，不格式化磁盘

C. 做成双引导，不格式化磁盘

D. 重新分区并进行全新安装

5. 下列选项中，（　　）是 Windows Server 2016 内置的标准网络协议。

A. IPX/SPX 协议　　　　　　　　　B. Microsoft 公司的 NWLink 协议

C. TCP/IP 协议　　　　　　　　　　D. NetBIOS 的扩展用户接口

6. 以下说法正确的是（　　）。

A. 安装 Windows 的计算机的硬件必须都符合即插即用标准，如果安装了非即插即用硬件，可能会导致硬件之间冲突从而导致系统不能正常使用

B. 所有符合即插即用标准的硬件 Windows 都能为其自动安装驱动程序和正确地配置设备

C. 即插即用硬件的安装和配置只能由 Windows 操作系统完成，用户不能手工配置

D. 非即插即用硬件的安装和配置需由用户手工完成

7. Windows Server 2016 安装完毕后，按（　　）组合键能进入登录界面。

A. Ctrl + A　　　　　　　　　　　　B. Ctrl + Alt + Del

C. Ctrl + Alt + A　　　　　　　　　D. Ctrl + Shift

8. 在 Windows Server 2016 中，如果想跟踪数据包从源 IP 到目标 IP 所经过的路径，通常需要使用（　　）命令。

A. ping　　　　　　　　　　　　　　B. tracert

C. ipconfig　　　　　　　　　　　　D. ipconfig /all

9. 在局域网中设置某台机器的 IP，该局域网的所有机器都属于同一个网段，想让该机器和其他机器通信，至少应该设置哪些 TCP/IP 参数（　　）。（选择两项）

A. IP 地址　　　　　　　　　　　　B. 子网掩码

C. 默认网关　　　　　　　　　　　　D. 首选 DNS 服务器

10. 下列关于计算机名称说法正确的是（　　）。

A. 计算机名称最长能输入 15 个字符

B. 计算机名称的字符可以全部是数字字符

C. 计算机名称在同一网段内不能重复

D. 计算机名称修改后可以马上生效

三、简答题

1. 简述安装 Windows Server 2016 所需要的硬件配置要求。

2. 简述 Windows Server 2016 提供的三种安装选项。

3. 简述安装 Windows Server 2016 的注意事项。

四、实训练习

1. 练习目的

（1）掌握 Windows Server 2016 的安装方法。

（2）掌握 Windows Server 2016 的网络基本配置。

（3）掌握 Windows Server 2016 防火墙的配置方法。

（4）掌握 Windows Server 2016 添加角色和功能的方法。

2. 练习环境

公司采购一台计算机做服务器，CPU 主频为 2.6 GHz，内存为 8 GB，硬盘为 1 TB，操作系统为 Windows 10，已安装 VMware12.0，Windows Server 2016 已保存在该计算机的 E 盘中。

3. 练习拓扑图（图 7-52）

角色：客户机
操作系统：Windows 10
计算机名：Client 1
IP地址：192.168.1.2
子网掩码：255.255.255.0

角色：服务器
操作系统：Windows Server 2016
计算机名：Server 2016
IP地址：192.168.1.100
子网掩码：255.255.255.0

图 7-52　Windows Sever 2016 基本配置拓扑图

4. 练习要求

（1）利用 Vmware 12.0 软件安装 Windows Server 2016。

（2）按照练习拓扑结构图中要求配置计算机名。

（3）按照练习拓扑结构图中要求配置服务器及客户机 IP 地址和子网掩码。

（4）关闭 Windows Server 2016 的防火墙功能。

（5）测试物理主机与虚拟机之间的通信。

（6）在 Windows Server 2016 中添加 Web 服务器（IIS）。

项目 8

Windows Server 2016中 用户和组的管理

【任务描述】

企业服务器的网络操作系统完成安装并进行基本网络配置后，就可以进行网络资源的共享了。为了保证网络共享资源的安全性及数据访问和存储的合法性，网络管理员需要规划一个安全的网络环境。在 Windows Server 2016 中，可通过建立合法账户并赋予账户相应权限的方法为用户提供有效、安全的网络资源访问服务。本项目将带领大家完成 Windows Server 2016 中用户账户的创建与管理及网络共享资源访问权限的操作。

【职业能力目标】

知识目标：

➤ 理解用户账户和组的概念

➤ 掌握管理本地用户账户的方法

➤ 掌握管理本地组的方法

技能目标：

➤ 能够完成本地用户账户的管理操作

➤ 能够完成本地组的管理操作

素养目标：

➤ 培养学生分析问题、解决问题的职业能力

8.1 知识要点

8.1.1 用户账户概述

用户账户是计算机的基本安全组件。计算机通过用户账户来辨别用户身份，让有使用权限的用户登录计算机，访问本地计算机资源或从网络访问这台计算机的共享资源。为用户指派不同的权限，可以让用户执行不同的计算机管理任务。

Windows Server 2016 是一个多用户多任务的网络操作系统，任何需要使用系统资源的用户都必须向系统管理员申请一个账户，然后以该账户登录系统。在登录过程中，当运行

Windows Server 2016 服务器验证用户输入的账户和密码与本地安全数据库中的用户信息一致时，才能让用户登录到本地计算机或从网络上获取对资源的访问权限。用户登录时，本地计算机验证用户账户的有效性，如用户提供了正确的用户名和密码，则本地计算机会分配给用户一个访问令牌（Access Token）。该令牌定义了用户在本地计算机上的访问权限。资源所在的计算机负责对该令牌进行鉴别，以保证用户只能在管理定义的权限范围内使用本地计算机上的资源，对访问令牌的分配和鉴别是由本地计算机的本地安全权限（Local Security Authority，LSA）负责的。

8.1.2　用户账户的类型

Windows Server 2016 支持两种用户账户，即域账户和本地账户。域账户可以登录到域上，并获得访问该网络的权限；本地账户只能登录到一台特定的计算机上，并访问其共享资源。

Windows Server 2016 常用到四种类型的账户，不同类型账户的权限也不大相同。

Administrator：使用内置 Administrator 账户可以对整台计算机或域配置进行管理，如创建修改用户账户和组、管理安全策略、管理打印机、分配允许用户访问资源的权限等。作为管理员，应该创建一个普通用户账户，在执行非管理任务时使用该用户账户，仅在执行管理任务时才使用 Administrator 账户。Administrator 账户可以更名，可以禁用，但不可以删除。

Guest：一般的临时用户可以使用 Guest 进行登录并访问资源。为保证系统安全，Guest 账户默认是禁用的，但在安全性要求不高的环境中，也可以使用该账户，且常分配给它一个口令。

DefaultAccount 账户：在安装完 Windows 后就会对计算机操作系统进行一些基本设置，如语言选项等，为预防开机自检阶段出现卡死等问题，微软专门设置了 DefaultAccount 账户。此账户默认情况下被禁用，一般不会影响用户的正常使用，如果用户不喜欢的话也可以删除此账户。

标准用户账户：用户自建账户默认情况下都属于管理员账户，可以根据实际需要创建多个用户账户，同时也可以在创建账户时选择该账户属于管理员还是标准用户。例如，在多人共用一台计算机的环境中，可以将部分权限受到限制的用户设置为标准用户账户，这样就能进行一些基础操作。

8.1.3　组的概念

对用户进行分组管理可以更加高效灵活地进行权限分配，以方便管理员对 Windows Server 2016 的具体管理。如果 Windows Server 2016 计算机被安装为成员服务器（而不是域控制器），将自动创建一些本地组。如果将特定角色添加到计算机中，还将创建额外的组，用户可以执行与该组角色相对应的任务。例如，如果计算机被配置成 DHCP 服务器，将创建管理和使用 DHCP 服务的本地组。

8.1.4 组的类型

在"计算机管理"管理单元的"本地用户和组"下的组文件夹中查看默认组。常用的默认组有以下几种：

Administrators：该组成员拥有没有限制的、在本地或远程操作和管理计算机的权利。默认情况下，本地 Administrator 和 Domain Admins 组的所有成员都是该组的成员。

Backup Operators：该组成员可以本地或远程登录，备份、还原文件夹和文件、关闭计算机。注意，该组的成员在自己本身没有访问权限的情况下也能够备份和还原文件夹和文件，这是因为 Backup Operators 组权限的优先级要高于成员本身的权限。默认情况下，该组中没有成员。

Guests：只有 Guest 账户是该组的成员，但 Windows Server 2016 中的 Guest 账户默认是禁用的。该组的成员没有默认的权利或权限。如果 Guest 账户被启用，当该组成员登录到计算机时，将创建一个临时配置文件；在其注销时，该配置文件将被删除。

Power Users：该组的成员可以创建并操作用户账户。它们可以创建本地组，然后在已创建的本地组中添加或删除用户账户；还可以在 Power Users 组、Users 组和 Guests 组中添加或删除用户。默认情况下，该组中没有成员。

Print Operators：该组的用户可以管理打印机和打印队列。默认情况下，该组中没有成员。

Remote Desktop Users：该组的成员可以远程登录服务器。

Users：该组的成员可以执行一些常见的任务，如运行程序和使用打印机。该组的成员不能创建共享或打印机（但它们可以连接到网络打印机，并远程安装打印机）。新建的用户默认隶属于该组，包括在域中创建的任何用户也会成为该组的成员。

8.1.5 域的作用

域（Domain）是 Windows 网络系统中独立运行的单位，域之间相互访问则需要建立信任关系。当一个域与其他域建立了信任关系后，两个域之间不但可以按需要相互进行管理，还可以跨网分配文件和打印机等设备资源，使不同域之间实现网络资源的共享与管理。如果说工作组是"免费旅店"，那么域就是"星级宾馆"。工作组可以随便进进出出，而加入域则需要进行严格的审核控制。

在域模式下，至少有 1 台服务器负责每台连入网络的计算机和用户的验证工作，称为域控制器。域控制器上存储了有关网络对象的信息，这些对象包括用户、用户组、计算机、域、组织单位、组、文件、打印机、应用程序、服务器及安全策略等。当计算机连入网络时，域控制器首先鉴别这台计算机是否属于这个域、用户使用的登录账户是否存在及密码是否正确，如果以上信息有一项不符，那么域控制器将会拒绝这个用户从这台计算机上登录。如果不能登录，用户就不能访问服务器上有权限保护的资源，这样就在一定程度上保护了网络上的共享资源；如果用户能够成功登录域，域控制器会将配置好的权限分发给用户，用户可以在权限允许范围内访问域内的共享资源。

由于域的操作相对复杂，而本书篇幅有限，因此，本项目中不再描述与域相关的操作，相关操作请查阅其他参考资料。

8.2　实训任务

8.2.1　创建与管理本地用户账户

1. 任务目标

（1）掌握创建用户账户的操作方法。

（2）掌握配置用户账户属性的操作方法。

（3）掌握重设账户密码的操作方法。

（4）掌握删除用户账户的操作方法。

用户和组的
管理

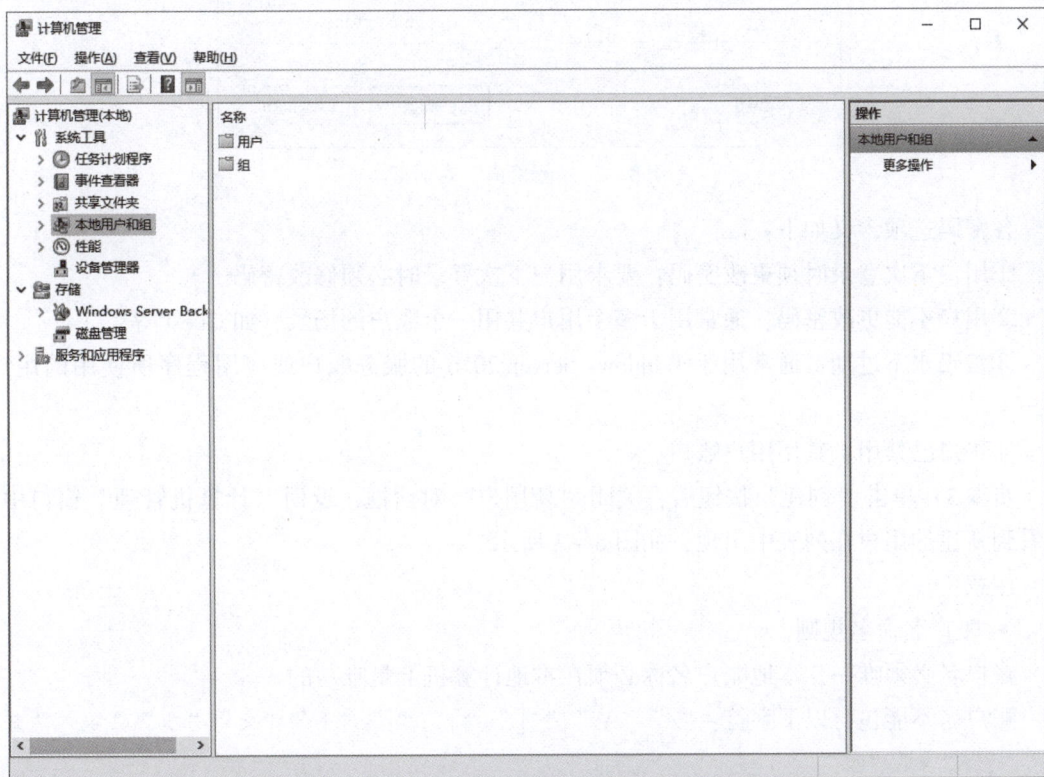

2. 任务环境

安装有 Windows Server 2016 操作系统的计算机一台。

3. 任务实施

子任务 1：创建用户账户 client1。

步骤 1：单击"开始"→"管理工具"命令，打开"管理工具"窗口，双击"计算机管理"，打开"计算机管理"窗口，如图 8 – 1 所示。

图 8 – 1　"计算机管理"窗口（创建账户前）

步骤2：在"计算机管理"窗口中展开"本地用户和组"，右击"用户"目录，在弹出的快捷菜单中选择"新用户"命令。

弹出"新用户"对话框，如图8-2所示。输入用户名、全名、描述和密码。在此可以设置密码选项，包括"用户下次登录时须更改密码""用户不能更改密码""密码永不过期"和"账户已禁用"。设置完毕后，单击"创建"按钮即可新增该账户。

图8-2 "新用户"对话框

各密码选项含义如下：

①用户下次登录时须更改密码：要求用户下次登录时必须修改密码。

②用户不能更改密码：通常用于多个用户共用一个账户的场景，如 Guest 等。

③密码永不过期：通常用于 Windows Server 2016 的服务账户或应用程序所使用的用户账户。

④账户已禁用：禁用用户账户。

步骤3：单击"创建"按钮后，关闭"新用户"对话框，返回"计算机管理"窗口中，会看到新建的用户在列表中出现，如图8-3所示。

注意：

● 账户名命名规则。

账户名必须唯一，本地账户名称必须在本地计算机上是唯一的。

账户名不能包含以下字符："/""\"" [""]"":""|""<"">""+""=""，""?""*""@"。

图 8－3　"计算机管理"窗口（创建账户后）

账户名最长不能超过 20 个字符。

● 密码设置规则。

一定要为 Administrator 账户设置密码，防止他人随意使用该账户。

确定是管理员还是用户本人拥有用户密码的控制权。管理员可以给每个用户指定一个唯一的密码，并防止其他用户对其进行更改；也可以允许用户在每一次登录时修改自己的密码。一般情况下，允许用户控制自己的密码。

密码不能太简单，尽量不用类似"66666666""88888888"这样的密码。

密码最多可以用 128 个字符组成，推荐最小长度为 8 个字符。

密码应由大小写字母、数字及合法的非字母数字的字符混合组成。

用户可通过"计算机管理"中的"本地用户和组"管理单元来创建本地用户账户，而且用户必有拥有管理员权限。

子任务 2：配置用户账户 client1 的属性。

根据网络访问的需要完成创建用户账户的操作后，还可以配置用户账户的其他属性，如用户账户隶属的本地组，用户配置文件、远程控制、会话等属性。

步骤 1：在"计算机管理"控制台中展开"本地用户和组"，单击"用户"选项，在右侧窗格中右键单击新创建的用户 client1，在弹出的快捷菜单中选择"属性"命令，弹出

"client1 属性"对话框。

步骤 2："client1 属性"对话框的"常规"选项卡可以设置与用户账户有关的一些信息，如用户全名、描述、用户密码选项等，如图 8-4（a）所示。

步骤 3："client1 属性"对话框的"隶属于"选项卡可以设置将该账户加入其他本地组。如图 8-4（b）所示。新创建的用户账户默认会加入 users 组，users 组的用户一般不具备特殊权限，可以执行一些常见的任务。要想该用户账户具备一些其他权限，可以将其加入具备相应权限的用户组中，即一个用户可以同时隶属于多个不同的用户组。选择该用户组名，再单击"删除"按钮，可以将该用户账户从一个或多个用户组中删除。

图 8-4 "client1 属性"对话框

（a）"常规"选项卡；（b）"隶属于"选项卡

步骤 4：在"隶属于"选项卡中，单击"添加"按钮，弹出"选择组"对话框（图 8-5），在"输入对象名称来选择（示例）："文本框中，输入管理组名称"Administrators"，单击"检查名称"按钮来检查名称是否正确，名称变为"SERVER2016\Administrators"，名称中的前面部分表示该服务器的主机名，后面部分为用户组名称。除了手动输入用户组名称外，还可以先单击"高级"按钮，在弹出的"选择组"对话框中单击"立即检查"按钮，在"搜索结果"列表框中选择一个或多个用户组。如果选择了多个本地组，在本地组与本地组之间用分号隔开。

步骤 5："client1 属性"对话框的"配置文件"选项卡可以设置用户账户的配置文件路径、登录脚本和主文件夹路径。

图 8 - 5　"选择组"对话框

　　用户配置文件是存储当前桌面环境、应用程序设置以及个人数据的文件夹和数据的集合，还包括所有登录到本地服务器所建立的网络连接。由于用户配置文件提供的桌面环境与用户最近一次登录到该计算机上所用的桌面相同，因此，保持了用户配置文件，就保持了用户桌面环境及其他设置的一致性。

　　当用户第一次登录到某台计算机上时，Windows Server 2016 根据默认用户配置文件自动创建一个用户配置文件。用户 client1 的配置文件默认位于"C：\users\client1"中，普通用户默认的配置模板文件位于"C：\users\default"中。

　　子任务 3：删除本地用户账户 client1。

　　当企业网络环境中不再需要使用某一个用户账户时，可将该用户账户删除。删除用户账户会导致与该账户有关的信息全部丢失，因此需要慎用此功能。在实际应用中，网络管理员可以设置一些临时账户给普通员工使用，一旦员工因为离职或其他原因离开工作岗位，可以将他的用户账户先行禁用，等到有新的员工入职时再行启用。此时只需要更改用户名即可。

　　步骤 1：在"计算机管理"窗口中展开"本地用户和组"，单击"用户"选项。

　　步骤 2：在右侧窗格中右键单击要删除的用户账户，在弹出的快捷菜单中选择"删除"命令，弹出"本地用户和组"提示对话框，如图 8 - 6（a）所示，单击"是"按钮即可将该用户账户删除。

　　注意：

　　● 系统内置账户如 Administrator、Guest 等无法实现删除操作，如图 8 - 6（b）所示。

　　● 删除"本地账户"时，会弹出提示信息。在 Windows Server 2016 中每个用户账户除用户名外，还有一个唯一的标识符。删除用户账户会删除该标识符，并且不能还原，即使再创建一个相同用户名的新账户也无法再使用相同的标识符。这样可能导致用户无法访问其当前拥有访问权限的资源。

（a）　　　　　　　　　　　　　　　（b）

图 8 – 6　"本地用户和组"对话框

（a）删除用户账户 client1；（b）无法删除用户账户 Guest

子任务 4：重设账户密码

如果用户在知道密码的情况下想更改密码，可以在该用户登录后按 Ctrl + Alt + Del 组合键，输入正确的旧密码，然后输入新密码即可。如果用户忘记了登录密码，网络管理员可以更改其密码，使用新密码登录。

步骤 1：创建本地账户 client2，不勾选"用户不能更改密码"。

步骤 2：在"计算机管理"窗口中，展开"本地用户和组"，选择"用户"选项，在对应的列表中选择需要重设密码的账户（client2），右击该用户，在弹出的快捷菜单中选择"设置密码"命令，打开"为 client2 设置密码"对话框，如图 8 – 7 所示。

图 8 – 7　"为 client2 设置密码"对话框

步骤 3：client2 用户登录，按 Ctrl + Alt + Del 组合键，选择"更改密码"后，在页面中输入旧密码、新密码和确认密码即可，如图 8 – 8 所示。

8.2.2　创建与管理本地组

1. 任务目标

（1）掌握创建本地组的操作方法。

（2）掌握为本地组添加用户账户的操作方法。

（3）掌握删除本地组的操作方法。

图 8 – 8　更改密码

2. 任务环境

安装有 Windows Server 2016 操作系统的计算机 1 台。

3. 任务实施

子任务 1：创建本地组 market。

登录到 Windows Server 2016 操作系统的计算机上的每个用户都需要有一个用户账户和密码，并由管理员分配相应的访问权限来实现对网络资源的安全访问。企业中往往有多个部门，而每个部门中的员工又不止 1 个，如果由网络管理员给每个用户赋予访问权限，工作量会非常大。此时网络管理员可以以创建本地组的方式，将多个具有相同权限的用户账户添加到同 1 个组中即可方便地进行统一管理。

步骤 1：单击"开始"→"管理工具"命令，打开"管理工具"窗口，双击"计算机管理"命令，打开"计算机管理"窗口。

步骤 2：在"计算机管理"窗口中，展开"本地用户和组"，右击"组"目录，在弹出的快捷菜单中，选择"新建组"命令。

步骤 3：在弹出"新建组"对话框中输入组名和描述，如图 8 – 9 所示。

图 8 – 9　"新建组"对话框

步骤 4：单击"创建"按钮，即可完成组的创建，新建的本地组会显示在"计算机管理"窗口中的右侧窗格中，如图 8 – 10 所示。

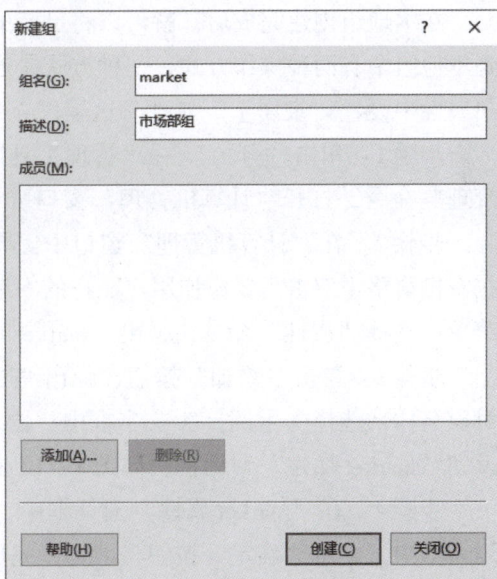

图 8-10 "计算机管理" 窗口（创建新组后）

子任务 2：为本地组 market 添加组成员 client1。

在本地组创建完成后，就可以将已有的用户账户添加到新建的组中了。将用户账户添加到本地组中有两种操作方式，一种方式是通过本地组属性中直接添加；另一种方式是通过用户属性中设置 "隶属于" 属性。这里仅介绍第一种操作方式。

步骤 1：单击 "开始" → "管理工具" 命令，打开 "管理工具" 窗口，双击 "计算机管理" 命令，打开 "计算机管理" 窗口。

步骤 2：在 "计算机管理" 窗口中，展开左侧窗格中的 "本地用户和组"，右击 "组"，在右侧窗格中双击需要添加用户账户的本地组名 market（或右击该本地组名，在弹出的快捷菜单中选择 "属性" 命令，弹出 "market" 属性对话框），如图 8-11 所示。

步骤 3：单击 "添加" 按钮，弹出 "选择用户" 对话框，如图 8-12 所示。在 "输入对象名称来选择（示例）：" 文本框中，输入需要添加的用户名 client1，单击 "确定" 按钮，返回 "market 属性" 对话框，如图 8-13 所示。

步骤 4：在 "market 属性" 对话框中，可以看到用户 client1 出现在 market 组的 "成员" 列表框中，单击 "确定" 按钮，即可以完成该用户账户的添加。

子任务 3：删除本地组 market。

当企业网络环境中不再需要使用某一个用户组时，可将该用户组删除。删除用户组会导致与该本地组有关的信息全部丢失，因此，需要慎用此功能。

步骤 1：在 "计算机管理" 窗口中展开 "本地用户和组"，单击 "组" 目录。

图 8 – 11　"market 属性" 对话框

图 8 – 12　"选择用户" 对话框

步骤 2：在右侧窗格中右击要删除的本地组，选择 "删除" 命令，弹出 "本地用户和组" 提示对话框，单击 "是" 即可将该本地组删除，如图 8 – 14 所示。

图 8 – 13 "market 属性"对话框（添加用户后）

图 8 – 14 "本地用户和组"删除提示对话框

注意：

● 系统内置本地组如 Administrators、Power Users、Users 等无法执行删除操作。

● 删除本地组时，会弹出提示信息。在 Windows Server 2016 操作系统中每个组除组名外，还有一个唯一的标识符。删除组会删除该标识符且不能还原，即使再创建一个相同组名的新组也无法使用相同的标识符。这样可能导致已经被删除组中的成员无法访问其当前拥有访问权限的资源。

8.3　拓展阅读

越权访问

1. 越权访问的定义

越权访问是当前 Web 应用中最常见的安全风险之一，是指用户在不具备相应权限的情况下访问了受限制的资源或执行了不允许的操作。出现越权访问一般是因为 Web 应用系统未建立合理的权限控制机制，或者权限控制机制失效。

2. 越权访问的危害

（1）数据泄漏：攻击者可能通过越权访问获取敏感数据，比如获取用户个人信息、财务数据、家庭监控视频等。

（2）数据被恶意篡改：攻击者可能通过越权访问修改，比如修改账户余额。

（3）侵犯隐私：获取他人的个人身份信息，从而侵犯他人隐私。

（4）实施诈骗：获取他人个人信息后转卖给诈骗集团实施诈骗。

（5）法律责任与声誉损害：Web 应用用户的个人信息数据被攻击者非法获取后篡改，导致用户利益受损，Web 应用提供商也可能面临法律责任，且企业的声誉也会受损。

3. 越权访问的分类

（1）未授权：用户未经授权就可以访问特定的对象或功能。

（2）水平越权（越界访问）：水平越权是指用户在同一权限等级下，访问与自己相同权限但归属于其他用户的资源或数据。例如，在企业 OA 系统中，一名普通员工在系统中看到了其同事的薪酬单。

（3）垂直越权（权限升级）：低权限用户执行高权限操作的情况，突破原有限制，进入受保护的资源和功能。例如，普通用户成功访问管理员控制面板或查看受限制资源的情况。

8.4　巩固练习

一、填空题

1. Windows Server 2016 支持两种用户账户：_____和_____。

2. Windows Server 2016 安装完成，自动创建的，_____账户可以执行计算机管理的所有操作，_____账户，是为临时访问用户而设置的。

3. Windows Server 2016 创建的本地用户默认隶属于_____组。

4. 设置用户账户密码时，密码应由_____、_____和_____混合组成。

5. Administrator 是操作系统中最重要的用户账户，平常俗称为超级用户，它属于系统中的_____账户。

二、选择题

1. 在安装了 Windows Server 2016 的计算机中，管理员有禁用账户的权限。当一个用户有一段时间不用账户时，管理员可以禁用该账户。下列关于禁用账户叙述正确的是（　　　）。（选择两项）

A. Administrator 账户可以禁用自己，所以在禁用自己之前应该先创建至少一个管理员组的账户

B. 普通用户可以被禁用

C. Administrator 账户不可以被禁用

D. 禁用的账户过一段时间会自动启用

2. （　　）账户名不是合法的账户名。

A. abc_123 　　　　　　　　　　　　　　　B. windowsbook

C. dictionar * 　　　　　　　　　　　　　　D. abdkeof

3. （　　）账户在默认情况下是禁用的。

A. Administrator 　　B. Powerusers 　　C. Users 　　　D. Guest

4. 小赵是一家软件公司的网络管理员，该公司服务器上部署的是 Windows Server 2016 操作系统。公司为了测试一款新开发的网络软件，需要进行内部测试。小赵在创建测试者账号时，为方便更多的人进行测试，他应该选择以下（　　　）选项。

A. 用户下次登录时必须更改密码 　　　　　B. 用户不能更改密码

C. 账户已锁定 　　　　　　　　　　　　　D. 账户已禁用

5. 关于组的叙述中正确的是（　　　）。

A. 组中的所有成员一定具有相同的网络访问权限

B. 组只是为了简化系统管理员的管理，与访问权限没有任何关系

C. 创建组后才可以创建该组中的用户

D. 组账号的权限自动应用于组内的每个用户账号

6. （　　　）不属于 Windows 工作组的特性。

A. 每台计算机都在本地存储用户账户的信息

B. 一个用户只能登录到一台计算机

C. 需要有服务器统一管理网络资源

D. 工作组中的计算机系统不一定要安装服务器版的操作系统

7. 下列对用户账户叙述中正确的是（　　　）。

A. 用户账户就是指计算机账户

B. 用户账户由用户名和密码标识组成

C. 用户账户与组账户同级

D. 用户账户在安装 Windows Server 2016 时创建

8. 关于账户删除的描述正确的是（　　　）。

A. Administrator 账户不可以删除

B. 普通用户不可以删除

C. 删除后的用户，可以建立同名账户，并具有原来账户的权限

D. 删除用户后只能通过系统备份来恢复

9. 下列对 Windows Server 2016 用户名描述正确的是（　　　）。

A. 用户名最长可以达到 25 个字符　　　　B. 用户名可以与组名相同

C. 用户名不能包含"＜"字符　　　　　　D. 用户名区分大小写

10. 基于 Windows 的组网模式有工作组和域两种，下列关于工作组的叙述中正确的是（　　　）。

A. 工作组中的计算机的数量不宜太少

B. 工作组中的每台计算机都在本地存储账户

C. 工作组中的操作系统必须一样

D. 本地计算机的用户可以到其他计算机上登录。

三、简答题

1. 简述域账户和本地账户的区别。

2. 简述用户组的作用。

3. 简述 Windows Server 2016 常用的四种类型账户的特点。

四、实训练习

1. 练习目的

（1）掌握创建用户账户的操作方法。

（2）掌握删除用户账户的操作方法。

（3）掌握创建用户组的操作方法。

（4）掌握添加用户账户到用户组中的操作方法。

（5）掌握删除用户组的操作方法。

2. 练习环境

企业网络中部署一台安装有 Windows Server 2016 的服务器，该服务器的计算机名为 Server2016，要求在该服务器上进行本地用户和组的管理。

3. 练习要求

（1）在 Server2016 上创建两个本地用户账户 client1 和 client2。

（2）在 Server2016 上创建两个用户组 market 和 finance。

（3）在 Server2016 将本地用户账户 client1 添加到 market 组中，将本地用户账户 client2 添加到 finance 组中。

（4）在 Server2016 上删除本地账户 client2。

（5）在 Server2016 上删除用户组 finance。

项 目 9
配置Windows Server 2016网络服务

【任务描述】

企业服务器的网络操作系统安装完成并进行基本网络配置后，就可以安装配置相关的网络服务功能。此时需要根据企业具体需求进行相关网络服务的安装与配置，常见的 DNS、DHCP、Web 能提供哪些网络服务？它们的工作原理与配置方法是什么？本项目将解答这些问题。

【职业能力目标】

知识目标：
➤ 掌握 DNS 服务的相关知识
➤ 掌握 DHCP 服务的相关知识
➤ 掌握 Web 服务的相关知识

技能目标：
➤ 能够完成 DNS 服务器的配置
➤ 能够完成 DHCP 服务器的配置
➤ 能够完成 Web 服务器的配置

素养目标：
➤ 培养学生精益求精、追求卓越的职业能力

9.1 知识要点

9.1.1 DNS 服务概述

在 TCP/IP 协议构建的网络环境中，DNS 是一个非常重要而且常用的系统。DNS 的主要作用是将人不容易记忆的 IP 地址与人容易记忆的域名之间进行转换。DNS 包含两方面的内容：一是主机域名的管理；二是主机域名与 IP 地址之间的映射。

DNS 采用了层次化、分布式、面向客户机/服务器模式的名字管理来代替原来的集中管理，并允许命名管理在较低的结构层次上管理他们自己的名字。这样就可以把名字空间划分

得足够小，由不同的组织进行分散管理，使名字管理更加灵活、方便。DNS 的分层管理机制使它形成了一个规则的树状结构的名字空间，互联网的域名结构示意如图 9 – 1 所示。

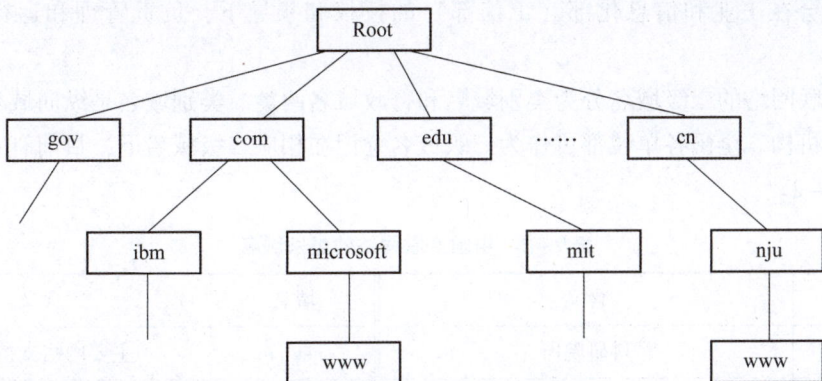

图 9 – 1　互联网的域名结构示意

在这棵结构树中，每个节点都有一个独立的节点名字，根节点的名字为空。兄弟节点不允许重名，而非兄弟节点可以重名，叶子节点通常用来代表主机。由于互联网本身的结构就是一种层次结构，因此，层次型命名机制与互联网结构一一对应，使互联网的名字管理层次结构非常清晰。

1. DNS 域名结构

通常互联网主机域名的一般结构为主机名 . 三级域名 . 二级域名 . 顶级域名。互联网顶级域名由国际互联网络信息中心进行登记和管理，它为互联网的每一主机分配唯一的 IP 地址。全世界目前有三大网络信息中心，分别是位于美国的 InterNIC，负责美国及其他地区；位于荷兰的 RIPE – NIC，负责欧洲地区；位于日本的 APNIC，负责亚太地区。

顶级域名有两种主要的模式：组织模式和地域模式。组织模式是按管理组织的层次结构来划分域名，产生的域名就是组织性域名；地域模式是按国家地理区域来划分域名，用两个字符的国家代码表示主机所在的国家和地区。例如，. cn 代表中国，. jp 代表日本，. us 代表美国。域名及含义对照表见表 9 – 1。

表 9 – 1　域名及含义对照表

域名	含义	域名	含义
. com	商业机构	. org	非营利性组织
. edu	教育机构	. arpa	临时 arpanet 域
. gov	政府部门	. int	国际组织
. mil	军事部门	. country code	国家
. net	网络服务机构		

2. 中国的域名体系

除了顶级域名，各个国家有权决定如何进一步划分域名。大部分国家都按组织模式对其再进行划分。

中国在国际互联网络信息中心正式注册并运行的顶级域名是 . cn，中国互联网络信息中心工作委员会在工业和信息化部（工信部）的授权和领导下，负责管理和运行中国顶级域名。

中国互联网络的二级域名分为类别域名和行政域名两类。类别域名是纵向域名，表示各单位的组织机构。全国各单位都可作为三级域名登记在相应二级域名下，目前有 6 个类别域名，见表 9 – 2。

表 9 – 2　中国互联网络的类别域名

域名	含义	域名	含义
ac. cn	科研院所	net. cn	主要网络支持中心
gov. cn	国家政府部门	com. cn	商业组织
org. cn	社会组织及民间非营利性组织	edu. cn	教育机构

行政域名是横向域名，使用直辖市和各省（自治区）的名称缩写，各直辖市、省（自治区）所属单位可以在其下建立三级域名，例如 bj. cn 代表北京市，gd. cn 代表广东省。主机域名的三级域名一般代表主机所在的域或组织，如 tsinghua 代表清华大学。四级域名一般代表主机所在单位的下一级单位。从理论上来讲，域名可以无限细化，但通常不超过五级。

3. 域名解析

字符型的主机域名比数字型的 IP 地址更容易记忆，在数据通信时需要将其映射成能直接用于 TCP/IP 协议通信的数字型 IP 地址。将主机域名映射为 IP 地址的过程称为域名解析。域名解析有两个方向：从主机域名解析到 IP 地址称为正向域名解析；从 IP 地址解析到主机域名为反射域名解析。

4. DNS 服务器分类

（1）主 DNS 服务器：负责维护所管辖的域名服务信息。

（2）从 DNS 服务器：用于分担主 DNS 服务器的查询负载。

（3）缓冲 DNS 服务器：供本地网络上的客户机用来进行域名转换。它通过查询其他 DNS 服务器并将获得的信息存放在其高速缓存中，为客户机查询信息提供服务。

5. DNS 名称的查询模式

当 DNS 客户端需要访问互联网上某一主机时，DNS 客户端首先向本地 DNS 服务器查询对方 IP 地址，如果在本地 DNS 服务器无法查询出，本地 DNS 服务器会继续向另 1 台 DNS 服务器查询，直至得出结果，这一过程就称为查询。

查询模式可以分为递归查询和迭代查询。

（1）递归查询。递归查询是 DNS 客户端与 DNS 服务器之间最常用的一种查询方式。当 DNS 客户端发出查询请求后，DNS 服务器会进行查找，如果 DNS 服务器内有客户端所需要的数据，则返回给 DNS 客户端；如果 DNS 服务器内没有客户端所需的数据，DNS 服务器会代替提出请求的客户端进行域名查询，当查询到结果后，再将结果返回给客户端。在这种查询方式下，DNS 客户端只需要接触一次 DNS 服务器。目前，由 DNS 客户端提出的查询请求一般均为递归查询。

（2）迭代查询。

迭代查询是一种从本地 DNS 服务器向根域名服务器发出查询请求的方式。当本地 DNS 服务器向根域名服务器发出查询请求时，根域名服务器会给出查询结果或者告诉本地 DNS 服务器下一步应该向哪个服务器进行查询。本地 DNS 服务器会根据根域名服务器给出的提示，向指定的域名服务器发出查询请求。迭代查询的查询过程是一层一层地向上迭代，直到找到所需的域名对应的 IP 地址。

9.1.2　DHCP 服务概述

通过前面的学习大家知道，如果想用计算机上网，就必须配置相应的 IP 地址。计算机获取 IP 地址的方式有哪些呢？一种方式是由管理员手动进行设置，这种方式在局域网中且计算机数目较少的情况下还是可行的，但是当网络中计算机数目比较多时，这种方式就给管理员增大了工作量。这时，可以采用另外一种方式，即由计算机自动获取 IP 地址的方式，在这种方式中需要用到动态主机配置协议（DHCP）。采用 DHCP 可实现自动为局域网中的每一台计算机分配 IP 地址，同时包括子网掩码、网关和 DNS 服务器等信息的配置，这样就大大减少了管理员的工作量。

1. DHCP 地址分配方式

DHCP 服务器具有 3 种地址分配方式：手动分配、自动分配和动态分配。其中动态分配功能最为强大，配置也最为繁琐。目前的 DHCP 服务器一般支持全部的 3 种分配方式或者是其中两种。

手动分配：网络管理员在 DHCP 服务器通过手工方法配置 DHCP 客户机的 IP 地址。当 DHCP 客户机请求网络服务时，DHCP 服务器把手工配置的 IP 地址传递给 DHCP 客户机。这种方式和管理员手工配置每一台计算机的 IP 地址差不多。

自动分配：当 DHCP 客户机第一次向 DHCP 服务器租用到 IP 地址后，这个地址就永久地分配给了该 DHCP 客户机，而不会再分配给其他客户机。

动态分配：当 DHCP 客户机向 DHCP 服务器租用 IP 地址时，DHCP 服务器只是暂时分配给客户机一个 IP 地址。只要租约到期，这个地址就会还给 DHCP 服务器，以供其他客户机使用。后期如果 DHCP 客户机再次需要一个 IP 地址来完成工作，则可以再请求另外一个 IP 地址。

动态分配是唯一能够自动重复使用 IP 地址的方式，它对于只是暂时需要联网的 DHCP 客户机来说尤其方便，同时对于需要永久性与网络连接的 DHCP 客户机来说也是适用的。当 DHCP 客户机在不需要联网时，会释放 IP 地址。如当 DHCP 客户机要正常关闭时，它可以把已获取到的 IP 地址释放给 DHCP 服务器，然后 DHCP 服务器就可以把该 IP 地址分配给其他正在申请 IP 地址的 DHCP 客户机。

2. DHCP 的工作过程

DHCP 客户机首次登录网络时，可通过以下步骤从 DHCP 服务器上获取到 IP 地址。

（1）DHCP 客户机发送 DHCP Discover 报文，此报文以广播方式发送。由于客户机没有 IP 地址，因此该报文以 0. 0. 0. 0 作为源地址。

（2）网络中的 DHCP 服务器收到客户机发出的 DHCP Discover 报文后，从地址池中选取一个可分配的 IP 地址，向客户机发送 DHCP Offer 报文。

（3）DHCP 客户机收到 DHCP Offer 报文。如果客户机收到多个 DHCP Offer 报文，即网络中有多台 DHCP 服务器，则客户机从中选择一个报文接收，一般选最先到达的报文。选择后发送 DHCP Request 报文到服务器，此报文也以广播方式发送，通知所有 DHCP 服务器它所使用的 IP 地址。

（4）DHCP 服务器在收到客户机发出的 DHCP Request 报文后，向客户机发送 DHCP ACK 确认报文，用来确认租约的成立，此报文还包含 DHCP 其他选项信息。

（5）DHCP 客户机收到服务器的确认信息后，利用其中的信息配置它的 IP 地址等相关信息。

第（2）步中如果网络中没有 DHCP 服务器或服务器故障无法提供服务，则客户端自动从 Microsoft 保留 IP 地址段中选择一个自动私有地址（Automatic Private IP Address, APIPA）作为自己的 IP 地址。Microsoft 自动私有地址的范围是 169. 254. 0. 116 ~ 169. 254. 255. 254。由于私有地址的存在，使在网络中没有 DHCP 服务器或者服务器不可用时，局域网中的 DHCP 客户端之间仍然可以使用私有 IP 地址进行通信。

（6）DHCP 租约更新。

• DHCP 客户机从服务器处申请的 IP 地址是有租约限制的。Windows Sever 2016 中租期默认是 8 天，到期后客户机要进行续租请示。

• 当 DHCP 客户机租期达 50% 时，重新更新租约，客户机发送 DHCP Request 包 。

• 如果当 DHCP 客户机租期达 50% 时，没有联系上 DHCP 时，那么要等到当租约达到 87. 5% 时，进入重新申请状态，客户机发送 DHCP Discover 包。

• 如果当租约达到 87. 5% 时，还没有联系上 DHCP，那么就会到期满后重新进行 DHCP 的申请过程。

• 客户端可以使用 ipconfig / release 命令来释放由服务器自动分配的 IP 地址，从而客户机的 TCP/IP 通信联络停止。此时，IP 地址为 0. 0. 0. 0，子网掩码为 0. 0. 0. 0，服务器可以将释放的 IP 分配给其他客户机。使用 ipconfig / renew 命令向 DHCP 服务器发送 DHCP Request 包，如果 DHCP 服务器没有响应，客户机将继续使用当前的配置。

9. 1. 3　Web 服务概述

IIS 是由微软公司提供的基于运行 Microsoft Windows 的互联网基本服务。IIS 是一种 Web（网页）服务组件，其中包括 Web 服务器、FTP 服务器、NNTP 服务器和 SMTP 服务器。它们分别用于网页浏览、文件传输、新闻服务和邮件发送等操作，使在网络（包括互联网和局域网）上发布信息成了一件很容易的事。IIS 在 Windows Server 2016 初始安装时并没有进行默认安装，需要手动进行安装。

9.2　实训任务

9.2.1　配置与管理 DNS 服务器

1. 任务目标

（1）掌握正确安装 DNS 服务器步骤。

（2）掌握正确创建正向和反向查找区域的方法。

DNS 服务器的
安装与配置

2. 任务环境

安装有 Windows Server 2016 操作系统的计算机一台。

3. 任务实施

子任务 1：安装 DNS 服务器

步骤 1：选择"开始"→"服务器管理"→"仪表板"，选择"添加角色和功能"，在弹出的"开始之前"对话框中，单击"下一步"按钮。如图 9 - 2 所示。

图 9 - 2　"开始之前"对话框

步骤 2：弹出"选择安装类型"对话框，如图 9 - 3 所示。选择"基于角色或基于功能的安装"选项，单击"下一步"按钮。

图9-3 "选择安装类型"对话框

步骤3：弹出"选择目标服务器"对话框，如图9-4所示。选择"从服务器池中选择服务器"选项，单击"下一步"按钮。

图9-4 "选择目标服务器"对话框

步骤4：弹出"选择服务器角色"对话框，选中"DNS服务器"选项，弹出"添加DNS服务器所需的功能?"的提示对话框，如图9-5所示。单击"添加功能"按钮返回"选择服务器角色"页面，单击"下一步"按钮。

图 9 – 5　"选择服务器角色"对话框

步骤 5：打开"选择功能"对话框（图 9 – 6），选择需要安装在所选服务器的一个或多个功能（保持默认设置），单击下一步按钮。

图 9 – 6　"选择功能"对话框

步骤 6：图 9 – 7 所示为打开"DNS 服务器"对话框，直接单击"下一步"按钮。

图 9-7 "DNS 服务器" 对话框

步骤 7：打开"确认安装所选内容"对话框，如图 9-8 所示。若要在所选服务器上安装列出的角色、角色服务器或功能，单击"安装"按钮，即可开始安装所选择的 DNS 服务角色。

图 9-8 "确认安装所选内容" 对话框

步骤8：打开"安装进度"对话框，等待安装完成，出现安装成功提示，如图9-9所示，单击"关闭"按钮返回"服务器管理器"窗口，关闭"服务器管理器"窗口即可。

图9-9　"安装进度"对话框

子任务2：创建 DNS 正向查找区域

步骤1：选择"开始"→"服务器管理"命令，打开"服务器管理器"窗口。选择"工具"→"DNS"命令，打开"DNS 管理器"窗口。在"DNS 管理器"窗口左侧窗格中右击"正向查找区域"，在弹出的快捷菜单中选择"新建区域"命令，如图9-10所示。

步骤2：弹出"欢迎使用新建区域向导"对话框，单击"下一步"按钮，如图9-11所示。

步骤3：在弹出的"区域类型"对话框中选中"主要区域"单选按钮，单击"下一步"按钮，如图9-12所示。

步骤4：弹出"区域名称"对话框，在"区域名称"文本框中输入需要设置的区域名称"wsfy.com"，单击"下一步"按钮，如图9-13所示。

步骤5：弹出"区域文件"对话框，可以创建一个新区域文件或从另一个 DNS 服务器复制的文件。系统默认自动选择创建新文件，并指定将要创建的区域文件名，这里采用默认设置即可，单击"下一步"按钮，如图9-14所示。

图 9 - 10 "DNS 管理器" 窗口

图 9 - 11 "欢迎使用新建区域向导" 对话框

新建区域向导   ✕

区域类型
DNS 服务器支持不同类型的区域和存储。

选择你要创建的区域的类型：

◉ 主要区域(P)

创建一个可以直接在这个服务器上更新的区域副本。

○ 辅助区域(S)

创建一个存在于另一个服务器上的区域的副本。此选项帮助主服务器平衡处理的工作量，并提供容错。

○ 存根区域(U)

创建只含有名称服务器(NS)、起始授权机构(SOA)和粘连主机(A)记录的区域的副本。含有存根区域的服务器对该区域没有主管权。

☐ 在 Active Directory 中存储区域(只有 DNS 服务器是可写域控制器时才可用)(A)

< 上一步(B)　　下一步(N) >　　取消

图 9－12　"区域类型"对话框

新建区域向导   ✕

区域名称
新区域的名称是什么？

区域名称指定 DNS 命名空间的部分，该部分由此服务器管理。这可能是你组织单位的域名(例如，microsoft.com)或此域名的一部分(例如，newzone.microsoft.com)。区域名称不是 DNS 服务器名称。

区域名称(Z)：

wsfy.com

< 上一步(B)　　下一步(N) >　　取消

图 9－13　"区域名称"对话框

图9-14 "区域文件"对话框

步骤6：弹出"动态更新"对话框，指定 DNS 区域接受安全、不安全或非动态的更新。此处选中"不允许动态更新"单选按钮，单击"下一步"按钮，如图9-15所示。

图9-15 "动态更新"对话框

步骤7：弹出"正在完成新建区域向导"对话框，确认新建区域所设置的内容，单击"完成"按钮，如图9-16所示。

图 9–16　"正在完成新建区域向导"对话框

步骤 8：返回"DNS 管理器"窗口，在右侧窗格中会看到新创建的正向查找区域，如图 9–17 所示。

图 9–17　查看正向查找区域

步骤 9：右击新建的正向区域名称（wsfy. com），在弹出的快捷菜单中选择"新建主机"命令，如图 9–18 所示。

图 9 – 18　在 DNS 管理器中新建主机

步骤 10：在弹出的"新建主机"对话框中输入名称"www"，系统会自动连接成一个完全限定的域名。指定 IP 地址后，单击"添加主机"按钮，如果需要创建其他主机可以继续添加。添加完毕后，单击"完成"按钮，如图 9 – 19 所示。

图 9 – 19　"新建主机"对话框

步骤 11：返回 "DNS 管理器" 窗口，在右侧窗格中可以看到新建主机的相关信息，如图 9 - 20 所示。

图 9 - 20　查看新建主机的相关信息

子任务 3：创建 DNS 反向查找区域

资源记录：每个域无论是单主机域还是顶级域，都可以有一组与它相关联的资源记录。当一个解析器把域名传递给 DNS 时，DNS 返回的是与该域名相关联的资源记录。DNS 的主要功能就是将域名映射到资源记录上。

一个资源记录包括 5 个部分：域名、生存期、类别、类型和值。

（1）域名：指出这条记录适用哪个域。通常每个域有多条记录，数据库就保存了多个域的信息；域名字段是匹配查询条件的主要关键字；记录在数据库中的顺序是无关紧要的。

（2）生存期：指示该条记录的稳定程度。极稳定的信息会被分配一个很大的值，如 86 400（一天时间的秒数）；非常不稳定的信息会被分配一个很小的值，如 60（1 min）。

（3）类别：对于互联网信息，它的取值为 IN。

（4）类型：指出这是什么类型的记录，见表 9 - 3。

（5）值：类型所对应的值，它可以是一个数字，也可以是一个 ASCII 的字符串。

表 9 - 3　常见资源记录类型及其作用

名称	作用
SOA（起始授权机构）	定义了该区域哪台 DNS 服务器是主 DNS 服务器
NS（名称服务器）	定义了该区域中哪些服务器是 DNS 服务器（每台 DNS 服务器对应一条记录）

名称	作用
A 或 AAAA（主机记录）	根据域名解析出 IP 地址，其中 IPv4 为 A，IPv6 为 AAAA。如将 www.wsfy.com 解析为 192.168.1.8
PTR（指针记录）	根据 IP 地址解析出域名。如将 192.168.1.8 解析为 www.wsfy.com
CNAME（别名记录）	为一条 A 记录定义一个别名，用于将多个名字映射到同一台服务器。如为 www.wsfy.com 定义一条别名记录 web.wsfy.com
MX（邮件交换器记录）	根据邮箱地址的后缀名（@后面的部分）解析出邮件服务器的域名。如将 wsfy.com 解析为 mail.wsfy.com

步骤 1：在"DNS 管理器"窗口的左侧窗格中右击"反向查找区域"，在弹出的快捷菜单中选择"新建区域"命令，如图 9-21 所示。

图 9-21　创建反向区域

步骤 2：在弹出的"欢迎使用新建区域向导"对话框中单击"下一步"按钮，如图 9-22 所示。

步骤 3：弹出"区域类型"对话框，选中"主要区域"单选按钮，单击"下一步"按钮，如图 9-23 所示。

图 9 - 22　"欢迎使用新建区域向导"对话框

图 9 - 23　"区域类型"对话框

步骤 4：弹出"反向查找区域名称"对话框，选中"IPv4 反向查找区域"单选按钮，单击"下一步"按钮，如图 9 - 24 所示。

图 9 – 24　"反向查找区域"对话框（一）

步骤 5：在弹出的"反向查找区域名称"对话框中输入网络 ID "192.168.1"，单击"下一步"按钮，如图 9 – 25 所示。

图 9 – 25　"反向查找区域名称"对话框（二）

步骤6：弹出"区域文件"对话框，可以创建一个新区域文件或使用从另一个 DNS 服务器复制的文件，系统默认会选择创建新文件，并自动指定新文件的名称，这里采用默认设置即可，单击"下一步"按钮，如图 9 – 26 所示。

图 9 – 26　"区域文件"对话框

步骤7：弹出"动态更新"对话框，可以指定这个 DNS 区域接受安全、不安全或非动态的更新，这里采用系统默认的"不允许动态更新"，单击"下一步"按钮，如图 9 – 27 所示。

图 9 – 27　"动态更新"对话框

步骤8：弹出"正在完成新建区域向导"对话框，确认新建区域的设置后，单击"完成"按钮，如图9-28所示。

图9-28 "正在完成新建区域向导"对话框

步骤9：返回"DNS管理"窗口，在右侧窗格中可以看到新建反向查找区域的相关信息，如图9-29所示。

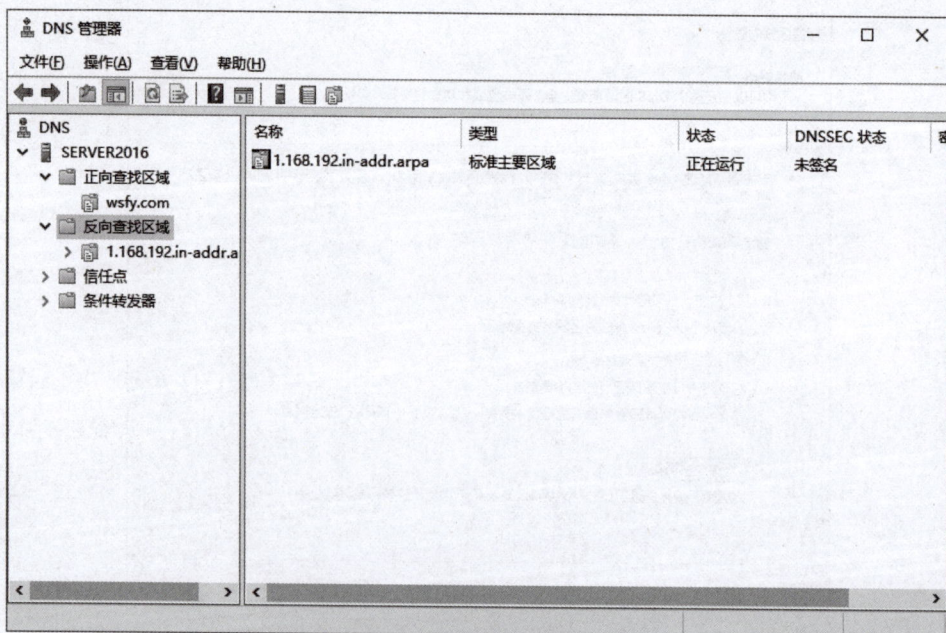

图9-29 查看反向查找区域相关信息

步骤 10：在"DNS 管理器"窗口的左侧窗格，单击展开反向查找区域，右击，在弹出的快捷菜单中选择"新建指针（PTR）"命令，如图 9 – 30 所示。

图 9 – 30　选择"新建指针（PTR）"命令

步骤 11：在弹出的"新建资源记录"对话框中输入主机 IP 地址，单击"浏览"按钮，在弹出的各对话框中，依次双击"SERVER 2016"→"正向查找区域"→"wsfy. com"→"www"，选中后依次单击"确定"按钮即可，如图 9 – 31 和图 9 – 32 所示。采用相同方法创建"ftp"的反向指针。

图 9 – 31　"新建资源记录"对话框

图 9 – 32 浏览

步骤 12：返回 "DNS 管理器" 窗口，在右侧窗格中可以看到新建指针的相关信息，如图 9 – 33 所示。

9.2.2 配置与管理 DHCP 服务器

1. 任务目标

（1）掌握正确安装 DHCP 服务器的步骤

（2）掌握创建 DHCP 服务器的 IP 作用域的方法

（3）掌握配置 DHCP 客户端的方法

DHCP 服务器
的安装与配置

图 9 – 33　查看新建指针的相关信息

2. 任务环境

安装有 Windows Server 2016 操作系统的计算机一台

3. 任务实施

子任务 1：添加 DHCP 服务器角色

步骤 1：选择"开始"→"服务器管理"命令，打开"服务器管理器"窗口，选择"仪表板"命令，选择"添加角色和功能"向导，启动"添加角色和功能向导"，如图 9 – 34 所示。

图 9 – 34　"服务管理器"窗口

步骤2：弹出"开始之前"对话框，如图9-35所示。单击"下一步"按钮。

图9-35　"开始之前"对话框

步骤3：弹出"选择安装类型"对话框，如图9-36所示。选择"基于角色或基于功能的安装"单选按钮，单击"下一步"按钮。

步骤4：弹出"选择目标服务器"对话框，如图9-37所示。选择"从服务器池中选择服务器"单选按钮，单击"下一步"按钮。

图9-36　"选择安装类型"对话框

图 9 – 37　"选择目标服务器"对话框

　　步骤 5：弹出"选择服务器角色"对话框，如图 9 – 38 所示。选中"DHCP 服务器"复选框，将自动弹出"添加角色和功能向导"对话框，单击"添加功能"按钮，返回"选择服务器"对话框，单击"下一步"按钮。

图 9 – 38　"选择服务器角色"对话框

　　步骤 6：弹出"选择功能"对话框，如图 9 – 39 所示。选择要安装在所选服务器的一个或多个功能，采用默认设置即可，单击"下一步"按钮。
　　步骤 7：图 9 – 40 所示为弹出"DHCP 服务器"对话框后。单击"下一步"按钮。

图 9 – 39 "选择功能"对话框

图 9 – 40 "DHCP 服务器"对话框

步骤 8：弹出"确认安装所选内容"对话框，如图 9 – 41 所示。确认要在所选服务器上安装的角色、角色服务器或功能，确认完毕后单击"安装"按钮。

图 9 – 41　"确认安装所选内容"对话框

步骤 9：弹出"安装进度"对话框，如图 9 – 42 所示。在该对话框中可以查看安装进度，安装完毕后单击"关闭"按钮。

图 9 – 42　"安装进度"对话框

子任务2：新建DHCP服务器作用域

步骤1：单击"开始"→"服务器管理"，选择"工具"→"DHCP"，启动DHCP窗口，如图9-43所示。在DHCP窗口左侧窗格中，右击"IPv4"，在弹出的快捷菜单中选择"新建作用域"命令。

图9-43 "DHCP"窗口

步骤2：弹出"欢迎使用新建作用域向导"对话框，如图9-44所示，单击"下一步"按钮。

步骤3：弹出"作用域名称"对话框，如图9-45所示。输入作用域的名称"wlzx"和描述信息"校园网络中心"，单击"下一步"按钮。

步骤4：弹出"IP地址范围"对话框，如图9-46所示。输入新建作用域可以分配的IP地址范围。"起始IP地址"中输入192.168.1.1，"结束IP地址"中输入192.168.1.254。输入完毕后，长度和子网掩码中会自动填入24和255.255.255.0。确认无误后，单击"下一步"按钮。

步骤5：弹出"添加排除和延迟"对话框，如图9-47所示。输入需要排除的IP地址范围，在起始IP地址和结束IP地址文本框中，分别输入"192.168.1.1"和"192.168.1.10"，如果要排除单个地址，只需在"起始IP地址"中输入地址即可。注意，输入完毕后要单击"添加"按钮，将输入的排除IP地址范围添加到"排除的地址范围"文本框中。确认无误后，单击"下一步"按钮。

图 9 - 44 "欢迎使用新建作用域向导"对话框

图 9 - 45 "作用域名称"对话框

图 9 – 46 "IP 地址范围" 对话框

图 9 – 47 "添加排除和延迟" 对话框

步骤 6：弹出 "租用期限" 对话框，如图 9 – 48 所示，设置 DHCP 服务器分发时的作用域的租用期限，系统默认是 8 天，这里采用其默认值，单击 "下一步" 按钮。

图 9 - 48   "租用期限"对话框

步骤 7：弹出"配置 DHCP 选项"对话框，如图 9 - 49 所示。该对话框提示是否要立即为新建作用域配置 DHCP 选项，暂时不进行配置，故选中"否，我想稍后配置这些选项"，单击"下一步"按钮。

图 9 - 49   "配置 DHCP 选项"对话框

步骤8：弹出"正在完成新建作用域向导"对话框，如图9-50所示。确定所有配置都无误的情况下，单击"完成"按钮。

图9-50 "正在完成新建作用域向导"对话框

步骤9：作用域创建完毕后还不能起作用，必须激活才能正常工作。右击DHCP窗口左侧窗格中的"作用域"，在弹出的快捷菜单中选择"激活"命令，激活该作用域即可，如图9-51所示。

子任务3：保留地址

在组建网络时如果用户想保留特定的IP地址给指定的客户机，使该客户机每次启动时都能获得相同的IP地址，配置时需要将这个特定的IP地址与该客户机的MAC地址绑定。

步骤1：打开DHCP窗口，在左侧窗格中展开新建的作用域，如图9-52所示。右击"保留"，在弹出的快捷菜单中选择"新建保留"命令。

步骤2：弹出"新建保留"对话框，输入相应的信息，如图9-53所示。

（1）保留名称：输入使用保留地址的客户名称"XSC"，此处输入不能为空。

（2）IP地址：输入需要保留的IP地址"192.168.1.10"。

（3）MAC地址：输入使用保留IP地址客户端的网卡地址"00-0C-29-FE-56-F2"。

（4）描述：输入对客户端信息的描述"学生处"，此处可以为空。

步骤3：单击"添加"按钮，完成保留地址的设置。单击"关闭"按钮，返回DHCP窗口，可以看到新建的保留地址，如图9-54所示。

图 9-51 激活作用域

图 9-52 展开作用域

图 9 − 53 "新建保留"对话框

图 9 − 54 查看新建保留地址

子任务 4：配置 DHCP 客户端

当网络中有 DHCP 服务器时，为简化客户端的操作，通常我们将客户端 IP 地址的获取方式设置为"自动获取 IP 地址"。当 DHCP 客户端启动时，会自动从 DHCP 服务器端获得各自的 IP 地址。如果客户端无法从服务器端获得 IP 地址，客户端会每隔 5 min 自动搜索网络中的 DHCP 服务器以获得 IP 地址。在未获得 IP 地址之前，客户端会通过 APIPA（自动专用 IP 寻址）机制为自己配置一个 169.254.0.0/16 格式的 IP 地址。

步骤 1：配置 DHCP 客户端。目前市场上常用的 Windows 操作系统都可以作为 DHCP 客户端。在客户端上，设置 IP 地址的获取方式为"自动获得 IP 地址"，如图 9 − 55 所示。

图 9 – 55　设置"自动获得 IP 地址"

步骤 2：测试 DHCP 客户端。在 DHCP 客户端上选择"开始"→"运行"命令，弹出"运行"对话框，在"打开"文本框中输入 cmd，进入命令窗口。在命令窗口中输入 ipconfig 命令，如图 9 – 56 所示。在命令窗口中输入 ipconfig /all 命令，查看客户端 IP 地址等信息，如图 9 – 57 所示。

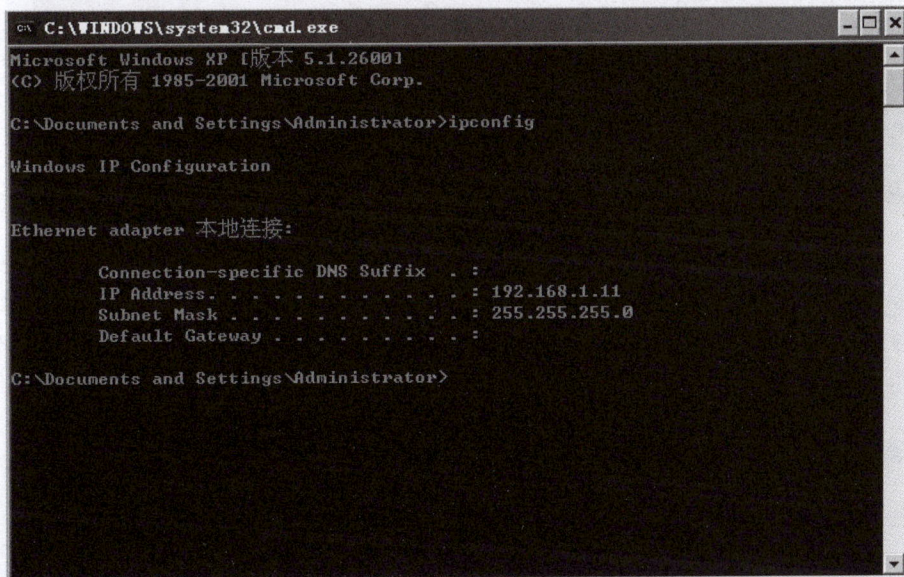

图 9 – 56　输入 ipconfig 命令

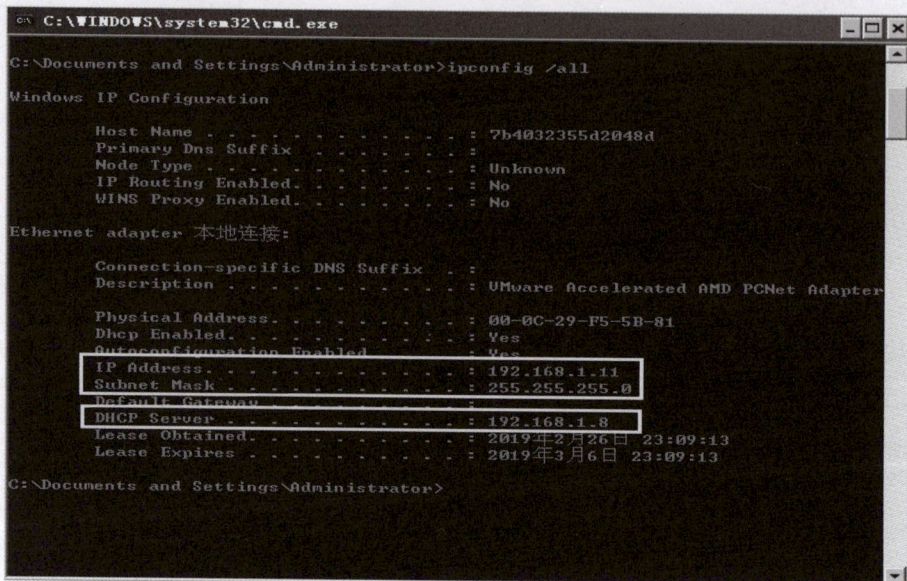

图 9 – 57　查看客户端 IP 地址等信息

步骤 3：释放 DHCP 客户端 IP 地址。在 DHCP 客户端上选择"开始"→"运行"命令，弹出"运行"对话框，在"打开"文本框中，输入 cmd，进入命令窗口。在命令窗口输入 ipconfig/release 命令，可释放 DHCP 客户端的 IP 地址，如图 9 – 58 所示。

图 9 – 58　释放 DHCP 客户端的 IP 地址

步骤 4：更新 DHCP 客户端 IP 地址。在 DHCP 客户端上，选择"开始"→"运行"命令，弹出"运行"对话框，在"打开"文本框中输入 cmd，进入命令窗口。在命令窗口输入 ipconfig /renew 命令，可更新 DHCP 客户端的 IP 地址。

9.2.3　配置与管理 Web 服务器

1. 任务目标

（1）掌握正确安装 Web 服务器的步骤。

（2）掌握新建 Web 站点的方法。

2. 任务环境

安装有 Windows Server 2016 操作系统的计算机一台。

3. 任务实施

子任务 1：安装 Web 服务器（IIS）角色

步骤 1：选择"开始"→"服务器管理"打开"服务器管理器"窗口。单击"管理"→选择"添加角色和功能"，启动"添加角色和功能"向导，在弹出的"开始之前"对话框中单击"下一步"按钮，如图 9 – 59 所示。

Web 服务器的安装与配置

步骤 2：弹出"选择安装类型"对话框，如图 9 – 60 所示。选中"基于角色或基于功能的安装"单选按钮，单击"下一步"按钮。

图 9 – 59　"开始之前"对话框

步骤 3：弹出"选择目标服务器"对话框，如图 9 – 61 所示。选择"从服务器池中选择服务器"单选按钮，单击"下一步"按钮。

步骤 4：在弹出的"选择服务器角色"对话框中，选中"Web 服务器（IIS）"复选框，在弹出的"添加角色和功能向导"对话框，单击"添加功能"按钮即可。在"选择服务器角色"对话框中再单击"下一步"按钮，如图 9 – 62 所示。

步骤 5：弹出"选择功能"对话框，如图 9 – 63 所示。选择要安装在所选服务器上的一个或多个功能，选中". NET. Framework 4. 6 功能"复选框，单击"下一步"按钮。

图 9-60 "选择安装类型"对话框

图 9-61 "选择目标服务器"对话框

图 9－62　"选择服务器角色"对话框

图 9－63　选择功能

步骤 6：弹出"Web 服务器角色（IIS）"对话框，如图 9－64 所示，单击"下一步"按钮。

图 9 – 64　"Web 服务器角色（IIS）"对话框

步骤 7：弹出"选择角色服务"对话框，如图 9 – 65 所示。选中"Web 服务器"，单击"下一步"按钮。

图 9 – 65　"选择角色服务"对话框

步骤 8：弹出"选择角色服务"对话框，如图 9 – 66 所示。选中"FTP 服务器""管理工具"复选框及其下面的子复选框，单击"下一步"按钮。

图 9 – 66　"选择角色服务"对话框

　　步骤 9：弹出"确认安装所选内容"对话框，如图 9 – 67 所示。确认要在所选服务器上安装的角色、角色服务或功能，确认完毕后，单击"安装"按钮。

图 9 – 67　"确认安装所选内容"对话框

　　步骤 10：弹出"安装进度"对话框，如图 9 – 68 所示。可以查看安装进度，安装完毕后，单击"关闭"按钮。

图9-68 "安装进度"对话框

子任务2：创建 Web 网站

在 Web 服务器上创建一个网站，用户在客户端计算机上就能通过服务器的 IP 地址对该网站进行访问了。具体操作步骤如下。

步骤1：创建网页文件。用记事本或 Dreamwaver 软件新建名字为 index. html 的网页文件，文件内容为"好客山东!!! 有朋自远方来，不亦乐乎。"，并将其保存在 c:\intepub\wwwroot 目录下。

步骤2：停止默认网站。通过服务管理器，打开"Internet 信息服务（IIS）管理器"窗口，在左侧窗格中依次展开 SERVE2016（计算机的主机名）和网站节点。右击 Default Web Site，在弹出的快捷菜单中选择"管理网站"→"停止"命令，停止默认运行的网站，如图9-69所示。

步骤3：创建 Web 网站。

（1）在"Internet Information Services（IIS）管理器"窗口的左侧窗格中展开 SERVER 2016，右击"网站"，在弹出的快捷菜单中选择"添加网站"命令，弹出"添加网站"对话框，如图9-70所示。

（2）在"添加网站"对话框中可以指定网站名称、应用程序池、网站内容目录、传递身份验证、网站类型、IP 地址、端口号、主机名以及是否启动网站等信息。本任务中将网站名称设置为 sdws，物理路径设置为 c:\inetpub\wwwroot，类型为 http，IP 地址为192.168.1.8（本机的 IP 地址），默认端口号为80，选中"立即启动网站"复选框，单击"确定"按钮，完成 Web 网站的创建。

（3）返回"Internet Information Services（IIS）管理器"窗口，可以看到刚才创建的网站已经启动，如图9-71所示。

图 9 – 69　停止默认运行的网站

图 9 – 70　"添加网站"对话框

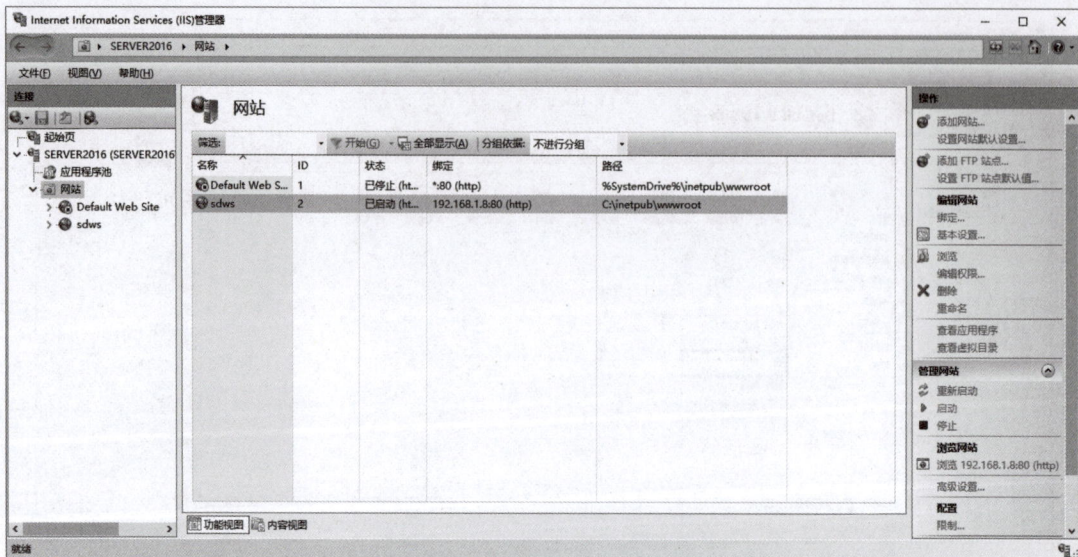

图9-71 新创建的网站已启动

（4）单击左侧窗格中的 sdws，在右侧窗口中双击"默认文档"，打开默认文档设置窗口，如图9-72所示。在该窗口中查看是否有名为 index. html 的文档，如果有，则将其移动到最顶端；如果没有则进行添加。添加后将其移动到最顶端，可加快浏览速度。

图9-72 指定默认文档

默认文档是指在 Web 浏览器中输入 Web 网站的 IP 地址或域名打开的 Web 页面，这个页面我们一般称之为主页或首页。IIS10 默认文档的文件名有6种，分别为 index. html、Default. htm、Default. asp、Index. htm、iisstart. htm 和 default. aspx。这也是大多网站主页所常用的文件名。

（5）浏览网站。打开浏览器，在浏览器地址栏中输入 http://192.168.1.8，即可看到刚才所创建的网页内容，如图9-73所示。

图 9 – 73　查看创建的网页内容

9.2.4　配置 Windows Server 2016 服务器综合实训

1. 任务目标

（1）掌握 DNS 服务器的配置方法；

（2）掌握 DHCP 服务器的配置方法；

（3）掌握 Web（IIS）服务器的配置方法；

2. 任务环境

安装 Windows Server 2016 操作系统的计算机 1 台。

3. 任务拓扑图（图 9 – 74）

角色：网关

角色：客户机
操作系统：Windows 10
计算机名：Winclient_1
IP地址：自动获取
DNS服务器：172.16.1.8

角色：DHCP、DNS、Web、FTP服务器
操作系统：Windows Server 2016
计算机名：WinServer_1
IP地址：172.16.1.8/16

图 9 – 74　配置 Windows Server 2016 服务器拓扑图

4. 任务要求

（1）安装 DNS 服务器

- 创建正向查找区域 hksd.com；
- 新建主机记录 www.hksd.com 和 ftp.hksd.com；
- 创建反向指针指向于第二步创建的两个主机记录；
- 使用 nslookup 命令进行测试。

（2）安装 DHCP 服务器

- 设置 IP 地址池为 172.16.1.10 – 172.16.1.200/16；
- 将 IP 地址 172.16.1.1 – 172.16.1.9/16 预留给系统中的服务器；
- 设置 172.16.1.118 为保留地址，绑定 MAC 地址为 40 – 16 – 7E – 45 – E9 – 3D；
- 在客户机上进行自动获取 IP 地址的测试。

（3）安装 Web（IIS）服务器

- 在服务器 C 盘上新建名为 web 的文件夹，并在该文件夹中新建名为 index.html 的网页文件，网页内容任意；
- 创建 Web 站点；
- 在客户机上利用浏览器进行访问测试（域名和 IP 地址两种方式）。

9.3 拓展阅读

《中国互联网络发展状况统计报告》

2024 年 3 月 22 日，中国互联网络信息中心（CNNIC）在京发布第 53 次《中国互联网络发展状况统计报告》（以下简称《报告》）。《报告》显示，截至 2023 年 12 月，我国网民规模达 10.92 亿人，较 2022 年 12 月新增网民 2480 万人，互联网普及率达 77.5%。相关数据显示，我国经济总体回升向好态势持续巩固，互联网在加快推进新型工业化、发展新质生产力、助力经济社会发展等方面发挥着重要作用。

1. 网络基础设施建设持续加强，服务质量深度优化

2023 年，我国坚持稳字当头、稳中求进，持续发挥新一代信息技术的引领作用，推动我国高质量发展迈出新步伐。

一是网络基础资源不断优化。截至 12 月，IPv6 地址数量为 68 042 块/32；国家顶级域名".CN"数量为 2013 万个；互联网宽带接入端口数量达 11.36 亿个。

二是物联网发展提质增速。截至 12 月，累计建成 5G 基站 337.7 万个，覆盖所有地级市城区、县城城区；发展蜂窝物联网终端用户 23.32 亿户，较 2022 年 12 月净增 4.88 亿户，占移动网终端连接数的比例达 57.5%。

三是移动通信网络高质量发展。由 5G 和千兆光网组成的"双千兆"网络，全面带动智能制造、智慧城市、乡村振兴、文化旅游等各个领域创新发展，为制造强国、质量强国、网

络强国、数字中国建设提供了坚实基础和有力支撑。

2. 网络惠民走深走实，更多人共享互联网发展成果

2023 年，我国持续加快信息化服务普及，缩小数字鸿沟，坚持在发展中保障和改善民生，让更多人民共享互联网发展成果。

一是城乡上网差距进一步缩小。我国农村网络基础设施建设纵深推进，各类应用场景不断丰富，推动农村互联网普及率稳步增长。截至 12 月，农村地区互联网普及率为 66.5%，较 2022 年 12 月提升 4.6 个百分点。

二是群体间数字鸿沟持续弥合。我国对老年人、残疾人乐享数字生活的保障力度显著增强。2577 家老年人、残疾人常用网站和 APP 完成适老化及无障碍改造，超过 1.4 亿台智能手机、智能电视完成适老化升级改造。

三是公共服务类应用加速覆盖。数字技术的发展使公共服务更加便捷与包容，智慧出行、智慧医疗等持续发展让网民数字生活更幸福。网约车、互联网医疗用户规模增长明显，较 2022 年 12 月分别增长 9057 万人、5139 万人，增长率分别为 20.7%、14.2%。

9.4　巩固练习

一、填空题

1. DNS 的查询模式分为_____和_____两种。
2. DNS 服务器配置的检测方式有两种，其中一种是_____；另一种是_____。
3. DHCP 服务器分配地址的方式有_____、_____和_____。
4. 网络中所有可分配的 IP 地址的连续范围叫_____。
5. 在一台 Web 服务器上可以创建多个网站，各站点独立运行，互不干扰，这些 Web 站点就是所谓的_____。

二、选择题

1. DNS 域名的顶级域有 3 个部分：通用域、国家域和反向域，在通用域中的 gov 一般表示的是（　　）。

A. 商业机构　　　　　　　　　　B. 教育机构

C. 政府机构　　　　　　　　　　D. 网络服务商

2. （　　）表示别名的资源记录。

A. MX　　　　　　B. SOA　　　　　　C. CNAME　　　　　　D. PTR

3. 常用的 DNS 测试的命令包括（　　）。

A. nslookup　　　　B. hosts　　　　　C. debug　　　　　　D. trace

4. 要清除本地 DNS 缓存，使用的命令是（　　）。

A. ipconfig/displaydns　　　　　　B. ipconfig/renew

C. ipconfig/flushdns　　　　　　　D. ipconfig/release

5. 如果希望一个 DHCP 客户机总是获取一个固定的 IP 地址，那么可以在 DHCP 服务器上为其设置（　　）。

A. IP 作用域   B. IP 地址的保留

C. DHCP 中继代理   D. 子网掩码

6. 在安装 DHCP 服务器之前，必须保证这台计算机具有（   ）。

A. 远程访问服务器的 IP 地址   B. DNS 服务器的 IP 地址

C. WINS 服务器的 IP 地址   D. 静态的 IP 地址

7. 在使用 Windows Server 2016 的 DHCP 服务时，当客户机租约使用时间超过租约的 50% 时，客户机会向服务器发送（   ）数据包，以更新现有的地址租约。

A. DHCP DISCOVER   B. DHCP OFFER

C. DHCP REQUEST   D. DHCP ACK

8. 以下（   ）URL 的表示是错误的。

A. http://netlab. abc. edu. cn   B. ftp://netlab. abc. edu. cn

C. https://netlab. abc. edu. cn   D. unix://netlab. abc. edu. cn

9. 在 Windows Server 2016 系统中利用 IIS 搭建了 Web 服务，在默认站点下创建了一个虚拟目录 Products，经测试可以成功访问其中的内容。由于业务需要，现在将虚拟目录中的内容移动到了另一个分区中，管理员通过（   ）能让用户继续用原来的方法访问其中的内容。

A. 对虚拟目录进行重新命名   B. 修改虚拟目录的路径

C. 更改 TCP 端口号   D. 无需任何操作

10. 创建虚拟目录的用途是（   ）

A. 一个模拟主目录的假文件夹

B. 以一个假的目录来避免染毒

C. 以一个固定的别名来指向实际的路径，当主目录变动时，相对用户而言是不变的

D. 以上皆非

三、简答题

1. 简述 DHCP 的工作原理。

2. 简述 DNS 的查询模式。

3. 简述 DNS 各记录类型的作用。

四、实训练习

1. 练习目的

（1）掌握 DHCP 服务器的配置方法。

（2）掌握 DNS 服务器的配置方法。

（3）掌握 Web 服务器的配置方法。

2. 练习环境

安装 Windows Server 2016 操作系统的计算机一台，安装有 Windows 10 操作系统的计算机两台，一台交换机，一台路由器。

3. 练习拓扑图（图 9 – 75）

角色：网关

角色：客户机
操作系统：Windows 10
计算机名：WinClient_1
IP地址：自动获取
DNS服务器：192.168.1.8

角色：DHCP、DNS、Web服务器
操作系统：Windows Server 2016
计算机名：WinServer_1
IP地址：192.168.1.8/24
DNS服务器：192.168.1.8

角色：客户机
操作系统：Windows 10
计算机名：WinClient_2
IP地址：自动获取
MAC地址：00–FF–55–59–C1–CB
DNS服务器：192.168.1.8

图 9 – 75　练习拓扑图

4. 练习要求

（1）根据练习拓扑图要求对服务器和客户机进行网络参数配置。

（2）在服务器端安装 DHCP 服务器。

- 设置 IP 地址池为 192.168.1.100 – 192.168.1.200/24。
- 将 IP 地址 192.168.1.1 – 192.168.1.8/24 预留给系统中的服务器。
- 设置 192.168.1.118 为保留地址，绑定 MAC 地址为 00 – FF – 55 – 59 – C1 – CB。
- 分别在两台客户机上进行自动获取 IP 地址的测试，并查看结果。

（3）安装 DNS 服务器。

- 创建正向查找区域 sdws.com。
- 新建主机记录 www.sdws.com。
- 创建反向指针指向于第二步创建的主机记录。
- 使用 nslookup 命令进行测试。

（4）安装 Web（IIS）服务器。

- 在服务器 C 盘上新建一个名为 www 的文件夹，并在该文件夹中新建一个名为 index.html 的网页文件，网页内容任意。
- 创建 Web 站点。
- 在客户端上利用浏览器进行访问测试（域名和 IP 地址两种方式）。

项 目 10
构建网络安全防护体系

【项目导入】

随着网络技术的迅速发展，网络安全已经成为当今社会的焦点问题，病毒、黑客程序、邮件炸弹、远程侦听等都让人胆战心惊。那么，处在数字化时代，我们应怎么看待网络安全问题呢？在日常上网的过程中，我们如何防范危害网络安全的事件呢？了解网络安全基础知识，维护自身的网络安全，是每个网民处于当今社会所应具备的能力。本章从面临的网络安全威胁入手，介绍网络安全防范措施，着重讲解防火墙相关知识点。

【职业能力目标】

知识目标
➢ 掌握网络安全的定义、所面临的威胁和主要防范措施
➢ 了解防火墙的定义、技术原理及分类

技能目标
➢ 能够完成 Windows Server 2016 的安全配置
➢ 能够完成 Windows 10 操作系统的安全配置

素养目标
➢ 培养学生网络安全、网络法治的职业意识

10.1 知识要点

10.1.1 网络安全概述

1. 网络安全现状

近年来，随着移动互联网、大数据、云计算机、人工智能等新一代信息技术的快速发展，围绕网络和数据的服务与应用呈现爆发式增长，丰富的应用场景暴露出越来越多的网络安全风险和问题，并在全球范围内产生广泛而深远的影响，如近几年频繁发生的勒索病毒攻击、跨国电信诈骗、数据泄露、网络暴力等事件，给各国的互联网发展与治理都带来了巨大的挑战。

据美国金融时报报道，世界上平均每 20 s 就发生一次网络入侵事件。国外方面，据有关统计，目前，美国由于网络安全问题而遭受的经济损失超过 170 亿美元，德国、英国也都在数十亿美元以上，法国、日本、新加坡的问题也很严重；国内方面，面对网络安全的严峻形势，我国的网络安全系统在预测、反应、防范和恢复能力方面存在许多薄弱的环节。据英国《简氏战略报告》和其他网络组织对各国信息防护能力的评估，我国被列为信息防护能力最低的国家之一，大大低于美国、俄罗斯和以色列等网络安全强国。

2. 网络安全定义

从概念上来说，网络安全所涵盖的内容和范畴也越来越大，从过去简单的上网和网络传输方面的安全问题扩展到整个"网络空间"的安全问题。国际电信联盟将网络安全定义为："网络安全是集合工具、政策、安全概念、安全保障、指南、风险管理方法、行动、培训、实践案例、技术等内容的一整套安全管理体系，用于保护网络环境、组织以及用户的资产。组织和用户的资产包括连接的计算机设备、人员、基础设施、应用程序、网络服务、电信系统以及网络环境中传输和/或存储的信息。"这个定义把网络安全视为一个生态系统，生态系统的良好运行需要来自技术、法律、政策、组织机构、技能、合作等多方面的保证，这一理念已经在许多国家得到认可和传播。我国在 2017 年 6 月 1 日正式实施的《中华人民共和国网络安全法》中也对网络安全赋予了更加明确的定义："网络安全，是指通过采取必要措施，防范对网络的攻击、侵入、干扰、破坏和非法使用以及意外事故，使网络处于稳定可靠运行的状态，以及保障网络数据的完整性、保密性、可用性的能力。"其中网络数据的安全问题成为一项重要内容。

在实际应用层面，我国也从网络安全事件类型的角度出发，制定了一系列政策、标准、条例和指南等对不同的网络安全问题进行防范、处置和应对。目前无论政府、企业还是相关行业协会都在积极推动网络安全治理能力的提升和网络安全生态的完善，但在具体实践中也面临诸多方面的挑战。

10.1.2　网络安全面临的主要威胁

1. 外部环境破坏带来的威胁

外部环境安全是整个网络系统安全的重要前提。外部环境可能带来的威胁主要包括：地震、水灾、火灾等自然灾害给网络硬件系统带来的威胁，网络系统中的硬件故障、硬件设备被盗或被毁、电磁干扰等带来的威胁。

2. 网络自身管理和连接带来的威胁

互联网的共享性和开放性使网络上的信息安全存在先天不足，其赖以生存的 TCP/IP 协议其自身就缺乏相应的安全机制。因为互联网最初设计时并没有预测到现在计算机网络具有如此广的覆盖范围，基本没有考虑到安全方面的问题，导致其在安全防范、服务质量、地址数量和网络带宽方面都存在滞后性和不适应性。

互联网是由分布在世界各地的广域网、城域网与局域网，通过路由器等网络互联设备而组成的网络。如果网络中一台机器受到攻击，可能会同时影响在同一网络上的其他机器，甚至可能涉及军事、金融等安全敏感区域。因此，网络管理人员对互联网安全事故作出有效反应就变得十分重要，有必要将网络中的公开服务器同外部网络和内部网络进行必要的隔离，避免网络信息结构外泄；同时，还要对外部网络的服务请求加以过滤，允许正常通信的数据包到达目的主机，拒绝其他的服务请求，以提高网络系统的安全性。

3. 网络软件系统设计的漏洞带来的威胁

网络软件系统包括网络操作系统软件和网络应用软件。对于目前我们使用的网络操作系统，无论 Windows NT 操作系统还是 UNIX、Linux 操作系统，都存在或多或少的安全漏洞。网络应用软件应用范围广，而且是动态变化的。网络应用软件的安全涉及信息的完整性、可用性、保密性和可靠性等方面。

4. 黑客恶意攻击带来的威胁

"黑客"一词来源于英文 Hacker，原指热心于计算机技术、水平高超的计算机专家，现在主要指那些利用自己掌握的计算机技术攻击网络上的主机而不暴露自己身份的计算机用户。黑客恶意攻击指黑客在未经许可的情况下通过技术手段登录他人的网络服务器或连接到网络上的单机系统，进行一些未经授权的操作。

目前随着计算机网络技术的发展，黑客攻击呈现智能化、跨国性、隐蔽性强、手段多样化和低龄化的特点，使网络安全防护面临更加严峻的挑战。

10.1.3　网络安全的防范措施

保护网络安全不仅是技术问题，还要制定严密、完整而且行之有效的安全策略。安全策略是指在一个特定的环境里，为保证提供一定的网络信息安全保护所必须遵循的规则，其包括 3 个方面的手段。

1. 法律手段

国家的法律法规是网络安全的基石。通过制定与网络信息安全相关的法律法规，非法分子忌惮于法律法规的威严，不敢轻举妄动。

2. 技术手段

先进的安全技术是网络安全的根本保障。用户根据自己所使用的网络服务类型对可能面临的安全威胁进行风险评估，选择合适的安全防范机制，然后集成先进的安全技术。针对网络设备、操作系统、应用系统、数据库和信息共享授权等提出具体的安全保护措施。

3. 管理手段

管理制度建立是网络安全中最重要的部分。各网络使用机构、企业或单位应建立相应的信息安全管理办法，对相关人员组织培训，加强内部管理，建立审计和跟踪体系，提高整体单位成员的信息安全意识。所有网络安全系统都需要人来实现，即使是最好的、最值得依赖的系统安全措施，也不能完全由计算机系统独立完成，因此，必须建立完备的安全组织和管理制度。

10.1.4　防火墙概述

以前构筑和使用木结构房屋时，为防止火灾的发生和蔓延，人们将坚固的石块堆砌在房屋周围作为屏障，这种防护建筑物被称为防火墙（FireWall）。

如今人们借助这个概念，使用"防火墙"来保护敏感的数据不被窃取和篡改。但是，这种防火墙是由先进的计算机系统构成的。防火墙犹如一道护栏隔在被保护的内部网与不安全的非信任网络之间，用来保护计算机网络免受非授权人员的骚扰与黑客的入侵。

防火墙可能是非常简单的过滤器，也可能是精心配置的网关，但它们的原理是一样的，都用于监测并过滤内部网络和外部网络之间所有的信息交换。防火墙通常是运行在一台单独计算机之上的一个特别的服务软件，它可以识别并屏蔽非法请求，保护内部网络中的敏感数据不被偷窃和破坏，并记录内部网络和外部网络之间通信的有关状态信息，如通信发生的时间和进行的操作等。

防火墙技术是一种有效的网络安全机制，它主要用于确定哪些内部服务允许外部访问，以及允许哪些外部服务访问内部服务。其基本准则有两条：一切未被允许的就是禁止的；一切未被禁止的就是允许的。

防火墙是建立在现代通信网络技术和信息安全技术基础上的应用性安全技术，并越来越多地被应用于专用网与公用网的互联环境中。

防火墙应该是不同网络或网络安全域之间信息的唯一出入口，它能根据企业的安全策略控制（允许、拒绝、监测）出入网络的信息流，且本身具有较强的抗攻击能力，是提供信息安全服务，实现网络和信息安全的基础设施。在逻辑上，防火墙是一个分离器、一个限制器，也是一个分析器，它能有效监控内部网络和外部网络之间的任何活动，保证了内部网络的安全。防火墙的结构如图 10 - 1 所示。

图 10 - 1　防火墙结构

防火墙具有以下作用：

（1）防火墙是网络安全的屏障。由于只有经过精心选择的应用协议才能通过防火墙，因此防火墙（作为阻塞点、控制点）能极大地提高内部网络的安全性，并通过过滤不安全的服务而降低风险，使网络环境变得更安全。防火墙同时还可以保护网络免受基于路由的攻击，如 IP 选项中的源路由攻击和控制报文协议（Internet Control Message Protocol，ICMP）重定向路径等。

（2）防火墙可以强化网络安全策略。通过以防火墙为中心的安全方案配置，能将所有安全软件（如口令、加密、身份认证、审计等）配置在防火墙上。与将网络安全问题分散到各个主机上相比，防火墙的集中安全管理更经济。例如，在网络访问时的"一次一密"口令系统（每一次加密都使用不同密钥）和其他的身份认证系统完全可以集中在防火墙上。

（3）对网络存取和访问进行监控审计。如果所有的访问都经过防火墙，那么防火墙就能记录下这些访问并做出日志记录，也能提供网络使用情况的统计数据。当发生可疑动作时，防火墙能进行适当的报警，并提供网络是否受到探测和攻击的详细信息。

（4）防止内部信息外泄。首先，通过防火墙对内部网络的划分，可实现对内部网络重点网段的隔离，从而限制局部重点或敏感网络安全问题对全局网络造成的影响；其次，隐私是内部网络非常关心的问题，一个内部网络中不引人注意的细节可能包含了有关安全的线索而引起外部攻击者的兴趣，甚至因此而暴露了内部网络的某些安全漏洞。使用防火墙就可以隐蔽那些暴露内部细节的服务，如 Finger（用来查询使用者的资料）、DNS 等服务。Finger 显示了主机的所有用户的注册名、真名、最后登录时间和使用 shell 类型等。防火墙可以同样阻塞有关内部网络中的 DNS 信息，这样一台主机的域名和 IP 地址就不会被外界所获取。除了安全作用以外，防火墙通常还支持 VPN 功能。

防火墙也有其局限性，因为存在着一些防火墙不能防范的安全威胁，如防火墙不能防范不经过防火墙的攻击（例如，如果允许从受保护的网络内部向外拨号，一些用户就可能形成与 Internet 的直接连接）。另外，防火墙很难防范来自网络内部的攻击和病毒的威胁等。

10.1.5　防火墙的技术原理

根据防范方式和侧重点的不同，防火墙的技术原理总体来说可分为三大类：包过滤防火墙、代理防火墙和状态检测防火墙。

1. 包过滤防火墙

包过滤防火墙是目前使用最为广泛的防火墙，其在网络层对数据包进行过滤选择，通常安装在路由器上。它根据数据包中的源 IP 地址、目的 IP 地址、TCP/UDP 的源端口号和目的端口号、协议类型（TCP/UDP/ICMP/IP tunnel）和数据包中的各种标志位等参数，与用户预定的访问控制表（Access Control Table，ACL）进行比较，判断数据包是否符合预先制定的安全策略，从而决定数据包的转发或丢弃，即实施信息过滤。实际上，它一般允许网络内部的主机直接访问外部网络，而外部网络上的主机对内部网络的访问则要受到限制。

Internet 上的某些特定服务一般都使用相对固定的端口号，因此路由器在设置包过滤规则时指定，对于某些端口号允许数据包与该端口交换，或者阻断数据包与它们的连接。

包过滤规则定义在转发控制表中，数据包遵循自上而下的次序依次运用每一条规则，直至遇到与其相匹配的规则为止。对数据包可采取的操作有转发、丢弃、报错等。根据不同的实现方式，包过滤可以在进入防火墙时进行，也可以在离开防火墙时进行，常见的包过滤转发控制表见表 10-1。

表 10 – 1　包过滤转发控制表

规则序号	传输方向	协议类型	源地址	源端口号	目的地址	目的端口号	控制操作
1	In	TCP	外部	>1023	内部	80	Allow
2	Out	TCP	内部	80	外部	>1023	Allow
3	Out	TCP	内部	>1023	外部	80	Allow
4	In	TCP	外部	80	内部	>1023	Allow
5	Both	*	*	*	*	*	Deny

注：*表示任意。

　　规则 1 和规则 2 允许外部主机访问本站点的 WWW 服务器，规则 3 和规则 4 允许内部主机访问外部的 WWW 服务器。由于服务器可能使用非标准端口号，因此，给防火墙允许的配置带来一些麻烦。实际使用的防火墙都直接对应协议进行过滤，即管理员可在规则中指明是否允许 HTTP 通过，而不是只关注 80 号端口。

　　规则 5 表示除了规则 1～4 允许的数据包通过外，其他所有数据包一律禁止通过，即一切未被允许的就是禁止的。

　　包过滤防火墙的优点是简单、方便、速度快，对用户透明，对网络性能影响不大；其缺点是不能彻底防止 IP 地址欺骗，一些应用协议不适合用数据包过滤，缺乏用户认证机制，正常的数据包过滤路由器无法执行某些安全策略，因此，包过滤防火墙的安全性较差。

　　2. 代理防火墙

　　首先介绍代理服务器。代理服务器作为一个为用户保密或者突破访问限制的数据转发通道，在网络上应用广泛。一个完整的代理设备包含一个代理服务器端和一个代理客户端，代理服务器端接收来自用户的请求，调用自身的代理客户端模拟一个基于用户请求的连接到目标服务器，再把目标服务器返回的数据转发给用户，完成一次代理工作过程，如图 10 – 2 所示。

图 10 – 2　代理防火墙的工作过程

　　也就是说，代理服务器通常运行在两个网络之间，是客户机和真实服务器之间的中介。代理服务器彻底隔断内部网络与外部网络的"直接"通信，内部网络的客户机对外部网络的服务器的访问变成了代理服务器对外部网络的服务器的访问，然后由代理服务器转发给内部网络的客户机。代理服务器对内部网络的客户机来说像是一台服务器，而对于外部网络的服务器来说又像是一台客户机。

如果在一台代理设备的代理服务器端和代理客户端之间连接一个过滤措施，就成了"应用代理"防火墙，这种防火墙实际上就是一台小型的带有数据"检测、过滤"功能的透明代理服务器，但是并不是单纯地在一个代理设备中嵌入包过滤技术，而是一种被称为"应用协议分析"的技术。因此，经常把代理防火墙称为代理服务器、应用网关，代理防火墙工作在应用层，适用于某些特定的服务，如 HTTP 代理、FTP 代理、POP3 代理、Telnet 代理、SSL 代理、Socks 代理等，其工作原理如图 10 - 3 所示。

图 10 - 3　代理服务器的工作原理

代理防火墙的特点是完全"阻隔"了网络通信流，通过对每种应用服务编制专门的代理程序，实现监视和控制应用层通信流的作用。其与包过滤防火墙的不同之处在于，内部网络和外部网络之间不存在直接连接，同时提供审计和日志服务。现实中的代理防火墙的功能通常由专用工作站来实现，如图 10 - 4 所示。

图 10 - 4　代理防火墙

代理防火墙是内部网络与外部网络的隔离点，工作在 OSI/RM 模型的最高层。其掌握着应用系统中可用作安全决策的全部信息，起着监视和隔绝应用层通信流的作用。代理防火墙的优点是可以检查应用层、传输层和网络层的协议特征，对数据包的检测能力比较强；其缺点主要是难于配置，处理速度较慢。

3. 状态检测防火墙

状态检测技术是基于会话层的技术。其对外部的连接和通信行为进行状态检测，阻止可能具有攻击性的行为，从而可以抵御网络攻击。

互联网上传输的数据都必须遵循 TCP/IP。根据 TCP，每个可靠连接的建立都需要经过"客户端同步请求"、"服务器应答"、"客户端再应答" 3 个阶段（即 3 次握手）。如常用的 Web 浏览，文件下载和收发邮件等都要经过这 3 个阶段，这反映出数据包并不是独立的，而是前后之间有着密切的状态联系，基于这种状态变化，引出了状态检测技术。

状态检测防火墙摒弃了包过滤防火墙仅检查数据包的 IP 地址等几个参数，而不关心数据包连接状态变化的缺点，在防火墙的核心部分建立状态连接表，并将进出网络的数据当成一个个会话，利用状态连接表跟踪每一个会话状态。状态检测对每一个数据包的检查不仅根据规则表，还考虑了数据包是否符合会话所处的状态，因此，提供了完整的对传输层的控制能力。

状态检测技术采用了一系列优化技术，使防火墙性能大幅度提升，能应用在各类网络环境中，尤其是在一些规则复杂的大型网络上。任何一款高性能的防火墙都会采用状态检测技术。国内著名的防火墙公司，如北京天融信等公司于 2000 年就开始采用状态检测技术，并在此基础上创新推出了核检测技术，在实现安全目标的同时可以得到极高的性能。

10.1.6　防火墙的体系结构

网络防火墙的安全体系结构基本上可以分为 4 种：包过滤路由器防火墙结构、双宿主主机防火墙结构、屏蔽主机防火墙结构和屏蔽子网防火墙结构。

1. 包过滤路由器防火墙结构

在传统的路由器中增加包过滤功能就能形成这种简单的包过滤防火墙。这种防火墙的好处是完全透明，但由于是在单机上实现，因此形成了网络中的"单失效点"。由于路由器的基础功能是转发数据包，一旦过滤机能失效，被入侵就会形成网络直通状态，任何非法访问都可以进入内部网络。这种防火墙尚不能提供有效的安全功能，仅在早期的网络中应用，包过滤路由器防火墙结构如图 10 - 5 所示。

图 10 - 5　包过滤路由器防火墙结构

2. 双宿主主机防火墙结构

双宿主主机防火墙结构至少由具有两个接口（两块网卡）的双宿主主机（堡垒主机）组成。双宿主主机的一个接口接内部网络，另一个接口接外部网络。内、外网络之间不能直接通信，必须通过双宿主主机上的应用层代理服务来完成。一旦黑客侵入堡垒主机并使其具有路由功能，防火墙将变得无用。

双宿主主机防火墙结构的优点是网络结构简单，有较好的安全性，可以实现身份鉴别和应用层数据过滤。但当外部用户入侵堡垒主机时，可能导致内部网络处于不安全的状态。双宿主主机防火墙结构如图 10 - 6 所示。

图 10 - 6   双宿主主机防火墙结构

3. 屏蔽主机防火墙结构

屏蔽主机防火墙结构的防火墙由包过滤路由器和运行网关软件的堡垒主机构成。该结构提供安全保护的堡垒主机仅与内部网络相连，而包过滤路由器位于内部网络和外部网络之间。屏蔽主机防火墙结构如图 10 - 7 所示。

图 10 - 7   屏蔽主机防火墙结构

通常在路由器上设立过滤规则，使堡垒主机成为从外部网络唯一可直接到达内部网络的主机，这确保了内部网络不受未被授权的外部用户的攻击。屏蔽主机防火墙实现了网络层和应用层的安全，因而比单纯的包过滤路由器防火墙更安全。包过滤路由器的配置是否正确是这种防火墙安全与否的关键。如果路由表遭到破坏，堡垒主机就可能被越过，使内部网络完全暴露。

4. 屏蔽子网防火墙结构

屏蔽子网防火墙采用了两个包过滤路由器和一个堡垒主机，在内、外网络之间建立了一个被隔离的子网，通常称为非军事区（Demilitarized Zone，DMZ）。可以将各种服务器（如

WWW 服务器、FTP 服务器等）置于 DMZ 中，解决了服务器位于内部网络带来的不安全问题。屏蔽子网防火墙结构如图 10 – 8 所示。

图 10 – 8　屏蔽子网防火墙结构

由于采用了两个路由器，内部网络得到了双重保护，因此外部攻击数据很难进入内部网络。外网用户通过 DMZ 中的服务器访问企业的网站，而不需要进入内网。

上述几种防火墙结构是允许调整和改动的，如合并内外路由器、合并堡垒主机和外部路由器、合并堡垒主机和内部路由器等，由防火墙承担这些设备合并之前所要实现的功能。

10. 1. 7　Windows 防火墙

Windows 10 为连接到互联网上的小型网络提供了增强的防火墙安全保护。默认情况下，操作系统会自动启用 Windows 防火墙，防止黑客或恶意软件通过互联网或其他网络访问用户的计算机。用户还可以下载并安装自己选择的防火墙。用户可以将防火墙视为一道屏障，它检查来自互联网或其他网络中的信息，然后根据防火墙设置，拒绝信息或允许信息到达计算机。Windows 防火墙的工作方式如图 10 – 9 所示。

图 10 – 9　Windows 防火墙的工作方式

当互联网或网络上的某人尝试连接到用户的计算机时，这种尝试称为"未经请求的请求"。当收到"未经请求的请求"时，Windows 防火墙会阻止该连接。如果运行的程序（如即时信息程序或多人网络游戏）需要从互联网或网络接收信息，那么防火墙会询问阻止连接还是取消阻止（允许）连接。如果选择取消阻止连接，Windows 防火墙将创建一个"例外"，这样当该程序日后需要接收信息时，防火墙就会允许信息到达用户的计算机。虽然可以为特定互联网连接和网络连接关闭 Windows 防火墙，但这样就会增加计算机安全性受到威胁的风险。

Windows 防火墙有两种设置："启动 Windows Defender 防火墙"和"关闭 Windows Defender 防火墙"。

（1）"启动 Windows Defender 防火墙"：Windows Defender 防火墙在默认情况下处于打开状态，而且通常应当保留此设置不变。选择此设置时，Windows Defender 防火墙阻止所有未经请求的连接，但不包括那些位于允许程序列表中的程序或服务发出的请求。

● "阻止所有传入连接，包括位于允许程序列表中的程序"：Windows Defender 防火墙会阻止所有"未经请求的连接"，包括那些在"允许程序列表中的程序"窗口中列出的程序发出的请求。当需要为计算机提供最大限度的保护时（例如，当用户连接到旅馆或机场中的公用网络时，或者当危险的病毒或蠕虫正在互联网上扩散时），可以使用该设置。但是，不必始终选中"阻止所有传入连接"，其原因在于如果该选项始终处于选中状态，某些程序可能会无法正常工作，并且文件和打印机共享、远程协助和远程桌面、网络设备发现、例外列表上预配置的程序和服务及已添加到例外表中的其他项等服务会被禁止接受"未经请求的连接"。

● "Windows Defender 防火墙阻止新应用时通知我"：Windows Defender 防火墙在阻止新程序时会弹出安全警告窗口，提醒用户。

（2）"关闭 Windows Defender 防火墙"：此设置将关闭 Windows Defender 防火墙。选择此设置时，计算机更容易受到未知入侵者或互联网病毒的侵害。此设置只应在高级用户用于计算机管理目的，或者在计算机有其他防火墙保护的情况下使用。

Windows Defender 防火墙只阻截所有传入的未经请求的流量，对主动请求传出的流量不采取任何动作。而第三方防火墙软件一般都会对两个方向的访问进行监控和审核，这是它们之间最大的区别。Windows Defender 防火墙具备和不具备的功能见表 10 – 2。

表 10 – 2　Windows Defender 防火墙具备和不具备的功能

具备	不具备
阻止计算机病毒和蠕虫到达计算机	检测或禁止计算机病毒和蠕虫（如果它们已经在用户的计算机上）。基于此，还应该安装反病毒软件并及时进行更新，以防范病毒、蠕虫和其他安全威胁破坏用户的计算机或使用用户的计算机将病毒扩散到其他计算机
请求用户的允许，以阻止或取消阻止某些连接请求	阻止用户打开带有危险附件的电子邮件，不要打开来自陌生发件人的电子邮件附件。即使用户知道并信任电子邮件的来源，仍然要格外小心。如果用户认识的某个人向用户发送了电子邮件附件，请在打开附件前仔细查看主题行。如果主题行比较杂乱或者用户认为没有任何意义，那么请在打开附件前向发件人确认
创建记录（安全日志），用于记录对计算机的成功连接尝试和不成功的连接尝试，可用作 Windows Defender 防火墙故障排除工具	阻止垃圾邮件或未经请求的电子邮件出现在用户的收件箱中，某些电子邮件程序也可以帮助用户做到这一点

10.2　实训任务

10.2.1　Windows Server 2016 的安全配置

1. 任务目标

掌握 Windows Server 2016 中与网络安全有关的配置。

2. 任务环境

安装有 Windows Server 2016 的计算机 1 台。

3. 任务实施

步骤 1：账户管理。提高 Windows Server 2016 身份认证系统安全的方法有为不同用户分配不同账户，删除与运行、维护等工作无关的账户，重命名 Administrator（管理员）和禁用 Guest（来宾）账户。可以通过本地策略来重命名来宾和系统管理员账户，如图 10 - 10 所示。

图 10 - 10　账户管理

步骤 2：口令管理。选择"开始"→"管理工具"命令→"本地安全策略"，打开"本地安全策略"管理窗口，通过账户策略来设置用户的密码策略和账户锁定策略，如图 10 - 11 所示。

步骤 3：用户权限分配管理。通过"本地安全策略"窗口中的"本地策略"→"用户权限分配"进行用户权限分配管理，主要包括系统权限设置。如本地和远端系统的系统关机只指派给 Administrators 组，在本地安全设置中取得文件或其他对象的所有权仅指派给

图 10-11　口令管理

Administrators，在本地安全设置中只允许授权账户本地、远程访问登录此计算机等，如图 10-12 所示。

图 10-12　用户权限分配管理

步骤 4：系统补丁。在不影响业务的情况下，应及时安装官方更新的 Service Pack 补丁集，对服务器系统进行兼容性测试。

步骤 5：安装防病毒软件。安装防病毒软件并及时更新病毒库。

步骤 6：日志安全设置。网络操作系统应配置日志功能，对用户登录进行记录，记录内容包括用户登录使用的账户、登录是否成功、登录时间和远程登录时用户使用的 IP 地址。设置日志容量和覆盖规划，保证日志存储。日志安全可在"本地安全策略"窗口中的"本地策略"→"审核策略"下设置。例如，要设置审核登录事件，右击"审核登录事件"，在弹出的快捷菜单中选择"属性"命令，弹出"审核登录事件 属性"对话框，选中"审核这些操作"列表框中的"成功"和"失败"复选框，单击"确定"按钮。设置后的效果如图 10 - 13 所示，"安全设置"栏由原来的"无审核"变为"成功，失败"。

图 10 - 13　日志安全设置

步骤 7：禁用不必要的服务、端口及启动项。选择"开始"→"Windows 管理工具"→"系统配置"命令，在弹出的"系统配置"对话框中对不必要的服务进行禁用，如图 10 - 14 所示。例如，要对互联网开放 Windows Terminal 服务（Remote Desktop Services），从安全角度出发，需要修改默认服务端口号，还可以关闭不必要的启动项。

步骤 8：配置注册表。在不影响系统稳定运行的前提下，对注册表中相应的信息进行更新。选择"开始"→"运行"命令，在弹出的"运行"窗口中输入 regedit，调出注册表编辑器，进行相应配置，如图 10 - 15 所示。

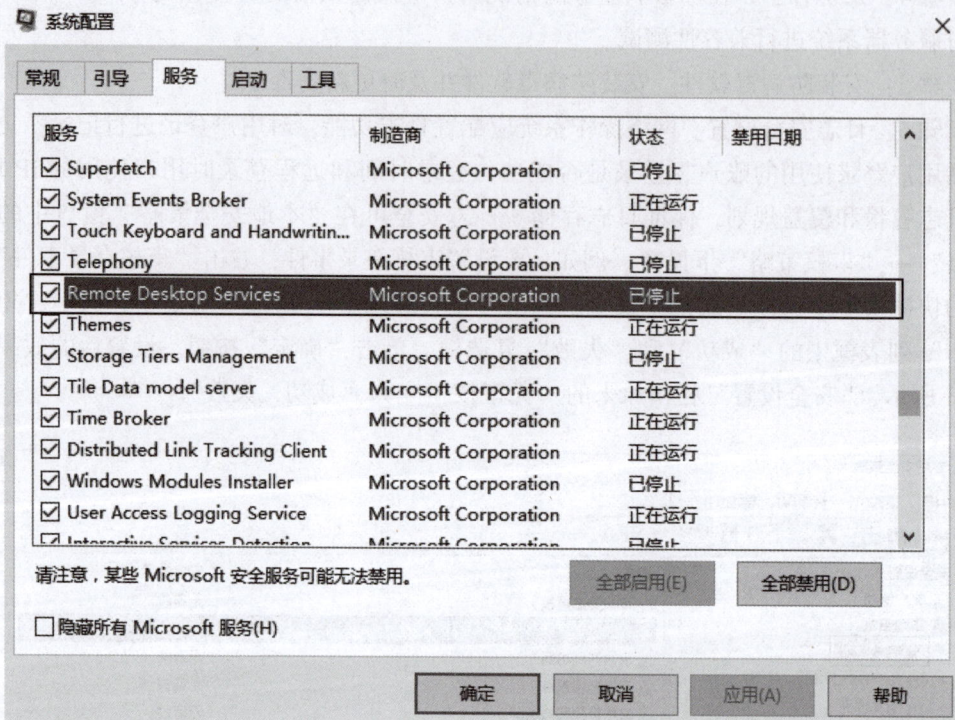

图 10 – 14　禁用不必要的服务、端口及启动项

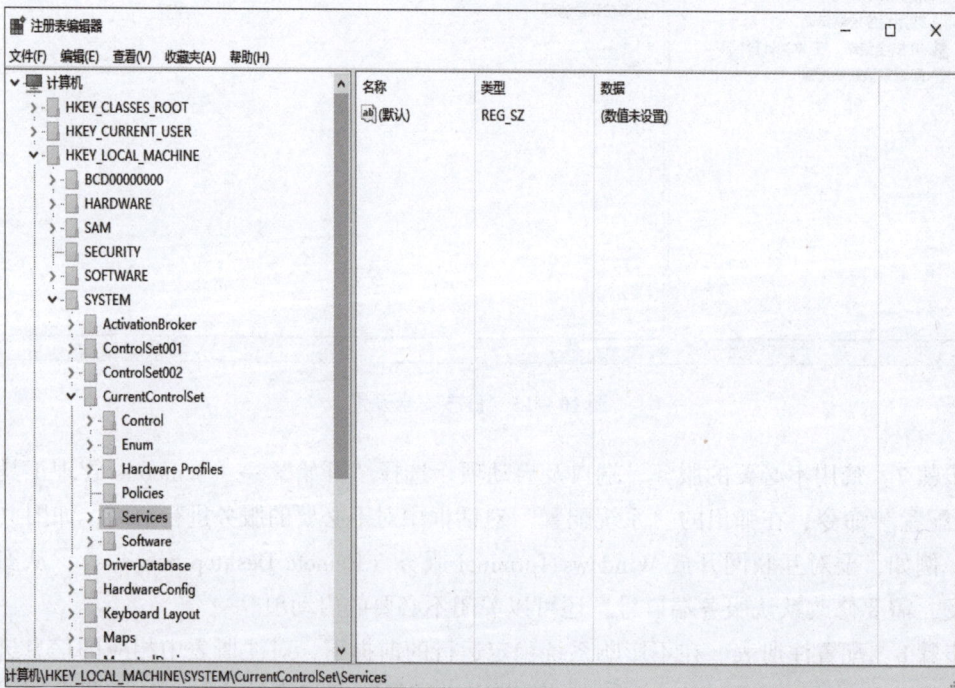

图 10 – 15　配置注册表

10.2.2　Windows 防火墙的应用

1. 任务目标

掌握 Windows 10 操作系统防火墙的启用及相关的配置。

2. 任务环境

装有 Windows 10 操作系统的计算机 1 台。

3. 任务实施

（1）启用 Windows Defender 防火墙。

步骤 1：选择"开始"→"Windows 系统"→"控制面板"命令，打开"控制面板"窗口，单击"系统和安全"超链接，打开"系统和安全"窗口，单击"Windows Defender 防火墙"，打开"Windows Defender 防火墙"窗口，如图 10 - 16 所示。

图 10 - 16　"Windows Defender 防火墙"窗口

步骤 2：在"Windows Defender 防火墙"窗口的左侧窗格中单击"启用或关闭 Windows Defender 防火墙"超链接。

步骤 3：打开"自定义设置"窗口，在对应网络位置类型中选择"启用 Windows Defender 防火墙"单选按钮，如图 10 - 17 所示。

步骤 4：设置完毕后，单击"确定"按钮，返回"Windows Defender 防火墙"窗口，即可完成防火墙的启用。

图 10-17 "自定义设置"窗口

 小知识

网络位置类型

利用 Windows 10 操作系统第一次连接到网络时，必须选择网络位置。这将为所连接网络的类型自动设置适当的防火墙和安全设置。如果用户在不同的位置（如家庭、本地咖啡店或办公室）连接网络，选择一个网络位置则可帮助确保始终将用户的计算机设置为适当的安全级别。Windows Defender 防火墙设置中有 4 种网络位置类型，分别是家庭网络、工作网络、公用网络和域网络。

域网络位置是 Windows Defender 防火墙用于识别和管理网络连接类型的一种网络配置文件。这种类型的网络位置由网络管理员控制，因此无法选择或更改。

对于家庭网络、工作网络或在用户认识并信任网络上的个人和设备，请选择"专用网络"。默认情况下，"网络发现"处于启用状态，它允许用户查看网络上的其他计算机和设备并允许其他网络用户查看用户的计算机。

对于公共场所（如咖啡店或机场）中的网络，应选择"公用网络"。此位置旨在使用户的计算机对周围的计算机不可见，并且帮助保护计算机免受来自互联网的任何恶意软件的攻击。如果用户没有使用路由器直接连接到互联网，或者具有移动宽带连接，也应该选择此选项。

（2）设置 Windows Defender 防火墙允许 ping 命令。

步骤1：在"Windows Defender 防火墙"窗口的左侧窗格中单击"高级设置"超链接，如图 10-18 所示。

图 10 – 18　Windows Defender 防火墙（高级设置）

步骤 2：在打开的"高级安全 Windows Defender 防火墙"窗口的左侧窗格中选择"入站规则"，右侧窗格中选择"新建规则"，如图 10 – 19 所示。

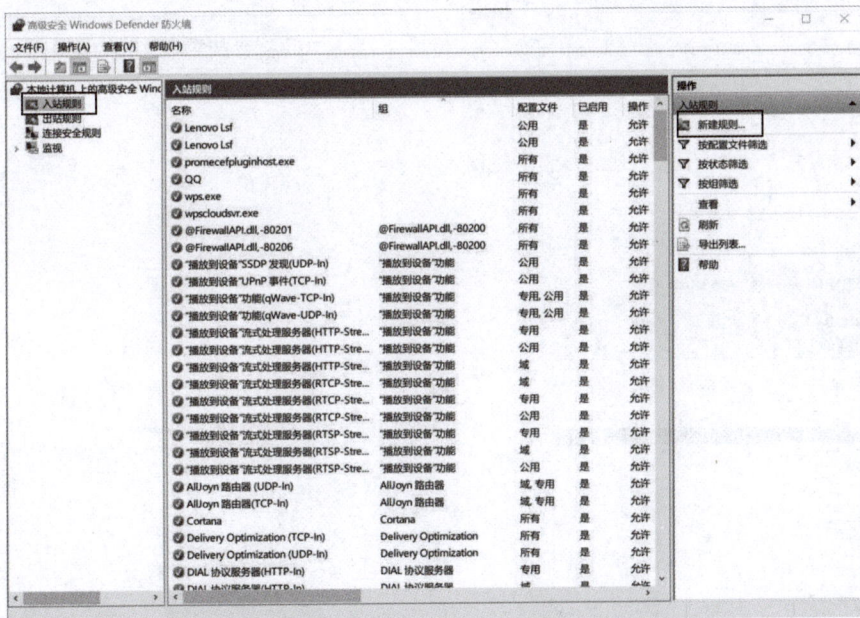

图 10 – 19　"高级安全 Windows Defender 防火墙"窗口

步骤 3：在弹出的"新建入站规则向导"对话框中进行如下设置。

● 在"规则类型"选项卡中选中"自定义"单选按钮，如图 10 – 20（a）所示。

● 在"协议和端口"选项卡中设置协议类型为"ICMPv4"，单击 Internet 控制消息协议（ICMP）设置后面的"自定义"按钮，如图 10 – 20（b）所示。

● 弹出"自定义 ICMP 设置"对话框，选中"特定 ICMP 类型"单选按钮及"回显请求"复选框，如图 10 – 20（c）所示。

● 在"作用域"选项卡中采用默认设置，在"此规则应用于哪些本地 IP 地址？"和"此规则应用于哪些远程 IP 地址？"中选中"任何 IP 地址"单选按钮。后期如果需要增加系统安全性，可选中"下列 IP 地址"单选按钮，设置允许对本机执行 ping 操作的本地 IP 地址和远程 IP 地址，如图 10 – 20（d）所示。

● 在"操作"选项卡中选中"允许连接"单选按钮，如图 10 – 20（e）所示。

● 在"配置文件"选项卡中设置何时应用该规则，在此可以设置为域、专用和公用网络位置类型。

● 在"名称"选项卡中为该规则命名，如命名为"网络 – 回显请求（ICMPv4）"，设置完毕后，单击"完成"按钮，如图 10 – 20（f）所示。

（a）

（b）

（c）

（d）

图 10 – 20　新建入站规则向导

（a）选择规则类型；（b）选择协议类型和端口号；（c）自定义 ICMP 设置；（d）设置作用域

（e）　　　　　　　　　　　　　　（f）

图 10 – 20　新建入站规则向导（续）

（e）选择采取的动作；（f）命名规则名称

步骤 4：在"高级安全 Windows Defender 防火墙"窗口的中间窗格中右击新建的"网络 – 回显请求（ICMPv4）"规则，在弹出的快捷菜单中选择"属性"命令，弹出"网络 – 回显请求（ICMPv4）属性"对话框，可以看到该规则已经启用，如图 10 – 21 所示。

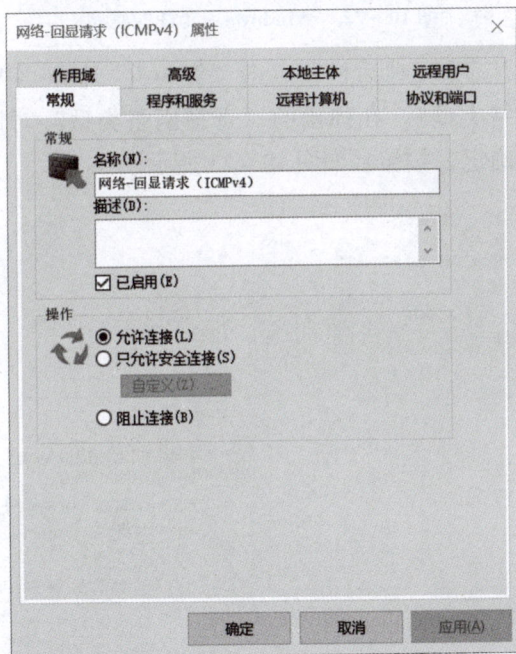

图 10 – 21　"网络 – 回显请求（ICMPv4）属性"对话框

（3）设置 Windows Defender 防火墙允许微信程序运行。

步骤 1：在"Windows Defender 防火墙"窗口的左侧窗格中单击"允许应用或功能通过 Windows Defender 防火墙"超链接。

步骤 2：在打开的"允许的应用"窗口（图 10 – 22）中单击"允许其他应用"按钮。

●●● 255 ●●●

图10-22　Windows-允许的程序

步骤3：弹出"添加应用"对话框，点击"浏览"，选择"WeChat（微信）"，单击"添加"按钮。单击"网络类型"，在弹出的"选择网络类型"对话框中选中"专用"和"公用"复选框，单击"确定"按钮，如图10-23所示。

图10-23　添加程序

步骤4：返回"允许的应用"窗口中，可看到"微信"程序出现在"允许的应用和功能"列表框中，如图10-24所示。

图 10－24　"允许的应用"窗口（添加完毕）

（4）启用安全记录。

当 Windows Defender 防火墙处于启动状态时，在默认情况下并不启用安全记录。但是，无论安全记录是否被启用，防火墙都能正常工作。只有启用了 Windows Defender 防火墙的网络连接，才能使用日志记录功能。

步骤 1：在"高级安全 Windows Defender 防火墙"窗口的中间窗格中单击"Windows Defender 防火墙属性"超链接，如图 10－25 所示。

步骤 2：弹出"本地计算机 上的高级安全 Windows Defender 防火墙"对话框，选择"公用配置文件"选项卡，单击日志中的"自定义"按钮。

步骤 3：弹出"自定义 公用配置文件 的日志设置"对话框，将"记录被丢弃的数据包"和"记录成功的连接"设置为"是"，默认是否，如图 10－26 所示。

（5）查看安全日志。

防火墙安全日志文件名为 pfirewall. log，存放在％ systemroot％ \ Windows \ system32 \ LogFiles \ Firewall \ 文件夹中（％ systemroot％ 表示系统盘），但是，必须将"记录被丢弃的数据包"或"记录成功的连接"设置为"是"，才能使 pfirewall. log 日志文件出现在系统盘 Windows 文件夹中。在文件夹中找到该文件并双击打开，如图 10－27 所示。

如果日志文件超过了 pfirewall. log 可允许的最大大小（4 096 KB），则日志文件中原有的信息将转移到一个新文件中并用文件名 pfirewall. log. old 进行保存；新的信息将保存在 pfirewall. log 文件中。

图 10－25　单击"Windows Defender 防火墙属性"超链接

图 10－26　设置公用配置文件的日志

```
#Version: 1.5
#Software: Microsoft Windows Firewall
#Time Format: Local
#Fields: date time action protocol src-
ip dst-ip src-port dst-port size
tcpflags tcpsyn tcpack tcpwin icmptype
icmpcode info path
```

图 10－27 pfirewall. log 日志文件

10.3 拓展阅读

中国网络安全产业白皮书

强大的网络安全产业实力是保障我国网络空间安全的根本和基石。近年来，习近平总书记多次就网络安全产业作出重要指示，强调"要坚持网络安全教育、技术、产业融合发展，形成人才培养、技术创新、产业发展的良性生态"，为网络安全事业高质量发展指明方向，并提供根本遵循。2022 年 1 月，中国信息通信研究院在工业和信息化部网络安全管理局指导下，基于网络安全产业发展和前沿技术应用研究成果，发布 2021 年《中国网络安全产业白皮书》。白皮书核心观点如下所示。

1. 2020 年，全球网络安全市场规模为 1 366.6 亿美元，同比增长 8.2%，增速低于 2019 年同期水平，但高于 2020 年 6 月 Gartner 预测数据。2020 年，我国网络安全产业规模达到 1 729.3 亿元，较 2019 年增长 10.6%，预计 2026 年，市场将快速复苏，产业规模约为 2 971.1 亿元，增速约为 15.8%。

2. 我国已出台关于网络与数据安全的法律、行政法规、部门规章、规范性文件等共计两百多部，形成了覆盖网络安全等级保护、关键信息基础设施安全保护、网络关键设备和网络安全专用产品管理、国家网络安全事件管理、密码管理、跨境活动网络安全管理、数据安全管理、个人信息保护等领域的网络安全法律法规体系。

3. 2020 年我国网络安全领域融资保持较高热度。据不完全统计，2020 年我国网络安全领域的融资活动为 77 起，披露的融资总额约为 78.2 亿元。从融资的技术领域来看，数据安全、安全服务和工控安全是 2020 年较为热门的网络安全融资领域，对应的融资活动占比均超过 10%。

4. 网络安全产业对新兴领域具有极大热情，积极研发相关产品和服务。其中，大数据、云计算、物联网和工业互联网是市场主体布局较多的领域，动态边界、智能分析、主动防御、云化服务是目前市场较为看好的网络安全技术发展方向。

10.4 巩固练习

一、填空题

1. _____是整个网络系统安全的重要前提。

2. 网络安全防范手段主要包括_____、_____和_____。

3. 包过滤防火墙依据规则对收到的 IP 包进行处理，决定是_____还是丢弃。

4. 一个完整的代理设备包含一个_____端和一个_____端。

5. 包过滤防火墙工作在 OSI/RM 模型中的_____层，代理防火墙工作在_____层。

二、选择题

1. Linux 操作系统常被用作服务器网络操作系统，是绝对安全的。（　　　）

   A. 正确　　　　　　　　B. 错误

2. 为保障网络安全，防止外部网络对内部网络的侵犯，多在内部网络与外部网络之间设置（　　　）。

   A. 密码认证　　　　B. 入侵检测　　　　C. 数字签名　　　　D. 防火墙

3. 防火墙是指（　　　）。

   A. 一种特定软件　　　　　　　　B. 一种特定硬件

   C. 执行访问控制策略的一组系统　　D. 一批硬件的总称

4. 以下（　　　）不是实现防火墙的主流技术。

   A. 包过滤技术　　　　　　　　B. 状态检测技术

   C. 代理服务器技术　　　　　　D. NAT 技术

5. 关于防火墙的说法中，（　　　）是错误的。

   A. 防火墙能隐藏内部 IP 地址

   B. 防火墙能阻止来自内部的威胁

   C. 防火墙能提供 VPN 功能

   D. 防火墙能控制进出内网的信息流向和信息包

6. 关于防火墙技术的描述中，正确的是（　　　）。

   A. 防火墙可以查杀各种病毒

   B. 防火墙可以部署在企业内部网和互联网之间

   C. 防火墙不能支持 NAT 功能

   D. 防火墙可以过滤各种垃圾文件

7. 在防火墙的访问控制中，内网、外网、DMZ 三者的访问关系不可设置为（　　　）。

   A. 内网可以访问外网　　　　　　B. 内网可以访问 DMZ

   C. DMZ 可以访问内网　　　　　　D. 外网可以访问 DMZ

8. 包过滤防火墙可以部署在（　　　）。

   A. 集线器　　　　B. 网桥　　　　C. 交换机　　　　D. 路由器

9. 防火墙技术是一种（　　　）网络系统安全措施。

A. 被动的　　　　　　　　　　　　B. 主动的

C. 能够防止内部犯罪的　　　　　　D. 能够解决所有问题

10. 关于防火墙的描述，不正确的是（　　　）。

A. 防火墙不能防止内部攻击

B. 如果一个公司的信息安全制度不明确，拥有再好的防火墙也没用

C. 防火墙可以防止伪装成外部信任主机的 IP 地址欺骗

D. 防火墙可以防止伪装成内部信任主机的 IP 地址欺骗

三、简答题

1. 简述网络安全的定义。

2. 简述网络安全所面临的主要威胁。

3. 简述防火墙的主要功能。

四、实训练习题

1. 练习目的

掌握 Windows 防火墙安全规则的设定。

2. 练习环境

安装 Windows 10 操作系统的计算机 1 台。

3. 练习要求

设计一条防火墙安全规则，防范远程主机使用 Telnet（TCP 端口号为 23）登录计算机。

项 目 11

诊断与排除网络故障

【项目导入】

佳明父亲公司的网络搭建完毕后，在运行过程中，网络服务器突然无法实现资源共享。佳明父亲找到放假在家的佳明，让他来公司帮忙排除网络故障。在面对实际工作或生活中发生的网络故障时，应当从哪些方面入手发现故障并采用合理的手段排除故障呢？本项目将带领大家学习网络故障的诊断与排除的方法。

【职业能力目标】

知识目标

➢ 掌握网络故障诊断的步骤

➢ 掌握常用的网络测试命令

➢ 掌握常见网络故障的现象及排除方法

技能目标

➢ 能够利用网络命令完成网络相关的测试操作

➢ 能够使用网络命令解决实际问题

素质目标

➢ 培养学生知行合一、学以致用的职业能力

11.1 知识要点

11.1.1 网络故障概述

网络故障（Network Failure）是指由于硬件问题、软件漏洞、病毒侵入等引起网络无法提供正常服务或降低服务质量的状态。一旦网络发生故障，就会给用户的工作带来很大麻烦，轻则影响工作效率，重则会给企业带来重大经济损失，需要引起足够的重视。

11.1.2 网络故障的诊断步骤与排除方法

当网络发生故障时，如果想要迅速诊断并排除故障，首先要有一个明确的策略。当故障

发生时，首先要重视故障重现并尽可能地收集故障信息，再对故障现象进行分析，根据分析结果定位故障范围并对故障进行隔离，最后根据具体情况排除故障。网络故障诊断与排除大致可以从以下几个方面入手。

1. 重现故障

当网络中出现故障时，如果可能，第一步应该是重现故障，这是获取故障信息的最好方法。

在重现故障的过程中主要考虑以下几个问题。

- 每次操作都会发生故障吗？
- 在多次操作中故障是偶然出现的吗？
- 故障是在特定的操作环境下出现的吗？

重现故障时，应严格按照发现问题的用户的操作步骤进行，也可请用户亲自演示，这是因为计算机的功能可以用不同方式实现。例如，在登录时，可以用命令行的方式登录，也可以从一个包含批处理文件的预备脚本登录，或者从客户软件提供的窗口中登录。如果试图用不同于用户的操作重现故障，也许不能发现用户所描述的故障现象，而认为是用户人为操作所导致的错误，从而找不到真正的故障原因。

在重现故障时，一方面应仔细询问用户在故障发生前做过什么操作，如故障发生时他正在运行的程序、浏览的网页及计算机中运行的其他程序；另一方面，要判断重现故障可能会对计算机造成的影响，如重现故障会不会影响到网络中其他计算机而造成网络瘫痪、会不会造成计算机中数据丢失、会不会损坏网络设备等。

2. 分析故障现象

收集了足够的故障信息后，就可以开始从以下几个方面对故障进行分析了。

（1）检查物理连接。物理连接是网络连接中可能存在的最直接的错误，但它非常容易被发现或修复。物理连接包括从服务器或工作站到接口的连接、从数据接口到信息插座模块的连接、从信息插座模块到信息插头模块的连接、从信息插头模块到物理设备的连接、设备的物理安装（网卡、集线器、交换机、路由器等）。

回答以下问题将有助于确认物理连接是否存在故障。

- 设备打开了吗？
- 网卡安装正确吗？
- 设备的电缆线与网卡或插座连接有松动吗？
- 集线器、交换机或路由器正确地连接到主干网了吗？
- 所有的电缆线都是好的吗（有无老化或损坏）？
- 所有的接头都处在完好状态吗？

（2）检查逻辑连接。如果物理连接中没有发现故障原因，就必须检查逻辑连接，包括软硬件的配置、设备、安装和权限。逻辑上的问题要复杂一些，比物理问题更难以分离和解决。例如，某用户反映已有 3 个小时不能登录网络，而检查物理连接后没有发现异常，并且用户说没做什么改动，这时就可能需要检查逻辑连接。某些与网络连接有关的基于软件的可能原因有资源与网卡的配置冲突、某个网卡的配置不恰当、安装或配置客户软件不正确及安装或配置的网络协议或服务不正确。

回答以下问题有助于诊断逻辑连接错误。

- 出错信息是否表明发现了损坏的或找不到的文件、设备驱动程序？
- 出错信息表明是资源（如内存）不正常或不足吗？
- 最近操作系统中的配置、设备驱动程序改动过吗？
- 添加、删除过应用程序吗？
- 故障只出现在一个设备还是多个相似设备上？

（3）参考网络最近的变化。参考网络最近的变化并不是一个独立的步骤，而是诊断和排除故障过程中需要经常考虑并且相互关联的一个步骤。开始排除故障时，应该了解网络中最近有什么样的变动，包括添加新设备、修复已有设备、卸载已有设备、在已有设备上安装新元件、在网络上安装新服务或应用程序、设备移动、地址或协议改变、服务器连接设备或工作站上软件配置改变、工作组或用户改变等。

回答以下问题有助于找出网络变动所导致的故障。

- 服务器、工作站或连接设备上的操作系统或配置改动过吗？
- 服务器、工作站或连接设备的位置移动过吗？
- 服务器、工作站或连接设备上添加新元件了吗？
- 服务器、工作站或连接设备移走了旧元件吗？
- 服务器、工作站或连接设备上安装了新软件吗？
- 服务器、工作站或连接设备上删除了旧软件吗？

3. 定位故障范围

在对故障现象进行分析之后，就可以根据分析结果来定位故障范围了。也就是说，要确定故障的范围是否仅在特定的计算机、某一地区的机构或某一时间段中。例如，如果问题只影响某一网段内的用户，则可以推断出问题出在该网段的网线、配置、端口或网关等方面；如果问题仅限于影响一个用户，则只需要关注一条网线、计算机软硬件的配置或用户个人。

回答以下问题有助于定位故障范围。

- 有多少用户或工作组受到了影响？是一个用户或工作站、一个工作组、一个部门、一个组织地域还是整个组织？
- 什么时候出现的故障？
- 网络、服务器或工作站曾经正常工作过吗？
- 故障是在很长一段时间内有规律地出现吗？
- 故障是仅在一天、一周、一月中的特定时段出现吗？

定位故障范围排除了其他的原因或对其他范围问题的关注，可以帮助区分是工作站问题，还是网络问题。如果故障只影响到机构中某个部门或某个楼层，就需要检测该网段，包括它的交换机接口、网线及为那些用户提供服务的计算机；如果故障影响到一个远程用户，则应检测广域网连接或路由器结构；如果故障影响到所有部门和所有用户，这时就应检查关键部件，如核心交换机和主干网连接。

4. 隔离故障

定位故障范围以后，还有一项非常重要的工作，就是隔离故障。隔离故障主要有以下3种情况。

（1）如果故障影响到整个网段，则应该通过减少可能的故障源来隔离故障。如果可能的故障源仅与一个网络中的节点相连，除两个节点外断开所有其他节点，如果这两个节点能正常通信，再连接上其他节点；如果这两个节点不能通信，就要对物理层的有关部分，如电缆的接头、电缆本身或与它们相连的集线器和网卡等进行检查。

（2）如果故障能被隔离至一个节点，则可以尝试更新网卡驱动程序、更换网卡或用一条新的电缆与网络相连。如果网络的连接没有问题，则检查是否只是某一个应用出现了问题。

（3）如果只是一个用户出现了使用问题，则检查涉及该节点的网络安全系统。是否对网络安全系统进行了改变以致影响该用户？是否删除了与该用户安全等级相同的其他用户？该用户是否被网络中的一个安全组所删除？是否某项应用被移到网络中的其他部分？是否改变了系统的注册方法或是改变了用户的注册方法？比较该用户与其他执行相同任务的用户。

5. 排除故障

一旦确定了故障类型，排除故障就比较容易了。

对于硬件故障来说，最方便的措施就是直接进行更换，对损坏部分的维修可以推迟。故障排除的目的就是尽可能迅速地恢复网络的所有功能。

对于软件故障来说，解决办法是重新安装有问题的软件，删除可能有问题的文件并且确保拥有全部所需的文件。如果问题是单一用户的问题，通常最简单的方法是完整删除该用户，然后重新进行安装与配置，使该用户重新获取之前出现故障的那个应用。

在故障排除以后，还应请操作人员测试故障是否依然存在，这样可以确保是否整个故障都已排除。操作人员只需简单地按正常方法操作有关网络设备，同时快速地执行其他几种正常操作即可。

11.1.3　网络故障的测试命令

1. ping 命令

ping 命令是利用回应请求/应答 ICMP 报文来测试目的主机或路由器的可达性的命令。通过执行 ping 命令，可实现以下功能。

监测网络的连通性，检验与远程计算机或本地计算机的连接。

确定是否有数据报被丢失、复制或重传。ping 命令在所发送的数据中设置唯一的序列号，以此检查其接收到应答报文的序列号。

ping 命令在其所发送的数据报中设置时间戳，根据返回的时间戳信息可以计算数据包交换的时间，即 RTT（Round Trip Time）。

ping 命令校验每一个收到的数据报，据此可以确定数据是否损坏。

ping 命令的用法：

ping［-t］［-a］［-n count］［-l size］［-f］［-i TTL］［-v TOS］［-r count］［-s count] [− w timeout] [− S srcaddr] [− 4] [− 6] target_name

ping 命令常用选项的含义见表 11 – 1。

表 11 – 1 ping 命令常用选项的含义

选项	含义
− t	ping 指定的主机，直到停止（停止可按 Ctrl + C 组合键）
− a	将 IP 地址解析为主机名
− n count	要发送的回显请求数（默认值为 4）
− l size	发送缓冲区大小（默认值为 32B）
− f	在数据包中设置"不分段"标志（默认允许分段，仅适用于 IPv4）
− i TTL	生存时间
− v TOS	服务类型（仅适用于 IPv4，一般不进行设置）
− r count	记录计数跃点的时间戳（仅适用于 IPv4）
− s count	使用时间戳选项
− w timeout	等待每次回复的超时时间（ms）
− S srcaddr	要使用的源地址
− 4	强制使用 IPv4
− 6	强制使用 IPv6
/?	在命令提示符下显示帮助信息

当网络发生故障时，可用 ping 命令进行检测，ping 不同 IP 地址时的作用是不一样的，常用的有以下几种情况。

（1）测试本机 TCP/IP 是否正常安装。执行 ping 127.0.0.1 命令，如果能 ping 成功，表示 TCP/IP 正确安装。

（2）测试本机 IP 地址是否正确配置或者网卡是否正常工作。执行 ping 本机 IP 地址命令，如果能 ping 成功，表示本机 IP 地址配置正确，并且网卡工作正常。

（3）测试与网关之间的连通性。执行 ping 网关 IP 地址命令。如果能 ping 成功，表示本机到网关之间的物理线路是连通的。

（4）测试能否访问 Internet。执行 ping 202.102.152.3 命令，如果能 ping 成功，表示本机能访问 Internet。202.102.152.3 是山东省济南市某运营商提供的 DNS 服务器的地址之一。

（5）测试 DNS 服务器是否正常工作。执行 ping www.163.com 命令，如果能 ping 成功，表示 DNS 服务器正常工作，能够把 www.163.com 正向解析为 IP 地址 113.118.14.112；否则说明主机的 DNS 未设置或设置有误。

示例：

● 利用 ping 命令测试本机 TCP/IP 是否正常安装，执行 ping 127.0.0.1 命令，如图 11 – 1 所示。

图 11 – 1　利用 ping 命令测试本机 TCP/IP 是否正常安装

2. ipconfig 命令

ipconfig 命令可查看主机当前的 TCP/IP 配置信息，如 IP 地址、子网掩码、默认网关和
DNS 服务器地址等。

ipconfig 命令的用法：

```
ipconfig [ /allcompartments] [ /? | /all |
                              /renew [adapter] | /release [adapter] |
                              /renew6 [adapter] | /release6 [adapter] |
                              /flushdns | /displaydns | /registerdns |
                              /showclassid adapter |
                              /setclassid adapter [classid] |
                              /showclassid6 adapter |
                              /setclassid6 adapter [classid] ]
```

ipconfig 命令各选项的含义见表 11 – 2。

表 11 – 2　ipconfig 命令各选项的含义

选项	含义
/all	显示
/renew[adapter]	更新所有适配器或特定适配器的 IPv4 地址
/release[adapter]	释放所有适配器或特定适配器的 IPv4 地址
/renew6[adapter]	更新所有适配器或特定适配器的 IPv6 地址
/release6[adapter]	释放所有适配器或特定适配器的 IPv6 地址
/flushdns	清除 DNS 解析程序缓存
/displaydns	显示 DNS 解析程序缓存的内容

选项	含义
/registerdns	刷新所有 DHCP 租约并重新注册 DNS 名称
/showclassid	显示适配器的所有允许的 DHCP 类 ID
/setclassid	修改 DHCP 类 ID
/showclassid6	显示适配器允许的所有 IPv6 DHCP 类 ID
/setclassid6	修改 IPv6 DHCP 类 ID
/?	在命令提示符下显示帮助信息

（1）默认不加任何参数的情况下，仅显示绑定到 TCP/IP 的适配器的 IP 地址、子网掩码和默认网关。

（2）对于 Release 和 Renew，如果未指定适配器名称，则会释放或更新所有绑定到 TCP/IP 的适配器的 IP 地址租约。

（3）对于 Setclassid 和 Setclassid6，如果未指定 Classid，则会删除 Classid。

示例：

● 利用 ipconfig 命令查看当前主机网络配置信息，执行 ipcofig 命令，如图 11 - 2 所示。

图 11 - 2　利用 ipconfig 命令查看当前主机网络配置信息

3. arp 命令

arp 命令用于查看、添加和删除缓存中的 ARP 表项。

ARP 表可以包含动态和静态表项，用于存储 IP 地址与 MAC 地址的映射关系。其中动态表项随时间推移自动添加和删除；而静态表项则一直保留在高速缓存中，直到人为删除或重新启动计算机。每个表项的潜在生命周期是 10min，新表项加入则定时器开始计时，如果某表项添加后 2min 内没有被再次使用，则此表项过期并从 ARP 表中被删除；如果某个表项始终在使用，则它的最长生命周期为 10min。

arp 命令的用法：

```
arp – a [inet_addr] [ – N if_addr] [ – v]
arp – s inet_addr eth_addr [if_addr]
arp – d inet_addr [if_addr]
```

arp 命令各选项的含义见表 11 – 3。

表 11 – 3　arp 命令各选项的含义

选项	含义
– a	显示当前 ARP 项
– s	添加主机并且将 IP 地址与物理地址相关联
– d	删除 IP 地址指定的主机
inet_addr	指定 Internet 地址
eth_addr	指定物理地址
– N if_addr	显示 if_addr 指定的网络接口的 ARP 项

● 使用 – a 时，如果指定 inet_addr，则只显示指定计算机的 IP 地址和物理地址；如果不止一个网络接口使用 ARP，则显示每个 ARP 表项。

● 使用 – d 时，inet_addr 可以是通配符 ＊，表示删除所有主机。

示例：

● 利用 arp 命令显示当前主机的 ARP 表，执行 arp – a 命令（如图 11 – 3 所示）。

图 11 – 3　利用 arp 命令显示 ARP 表

● 利用 arp 命令添加静态表项，执行 arp － s 57.55.85.212 00－aa－00－62－c6－09 命令，如图 11－4 所示。

图 11－4　利用 arp 命令添加静态表项

● 利用 arp 命令删除静态表项，执行 arp － d 57.55.85.212 命令（如图 11－5 所示）。

图 11－5　利用 arp 命令删除静态表项

4. tracert 命令

tracert 命令是路由跟踪实用程序，用于获得 IP 数据报访问目标时从本地计算机到目的主机的路径信息。

tracert 命令的用法：

```
tracert [ - d] [ - h maximum_hops] [ - j host - list] [ - w timeout] [ - R] [ - S
srcaddr] [ -4] [ -6] target_name
```

tarcert 命令中各选项含义见表 11 – 4。

表 11 – 4　tarcert 命令中各选项的含义

选项	含义
– d	不将地址解析成主机名
– h maximum_hops	搜索目标的最大跃点数
– j host – list	与主机列表一起的松散源路由（仅适用于 IPv4）
– w timeout	等待每个回复的超时时间（以 ms 为单位）
– R	跟踪往返行程路径（仅适用于 IPv6）
– S srcaddr	要使用的源地址（仅适用于 IPv6）
–4	强制使用 IPv4
–6	强制使用 IPv6
target_name	目标主机地址，可以是 IP 地址或主机名

示例：

● 利用 tracert 命令跟踪到 www. 163. com 服务器所经过的路径，执行 tracert
www. 163. com 命令，如图 11 –6 所示。

图 11 –6　利用 tracert 命令跟踪到 www. 163. com 服务器所经过的路径

5. pathping 命令

pathping 命令是一个路由跟踪工具，它将 ping 和 tracert 命令的功能和这两个工具不能提供的其他信息结合起来。pathping 命令在一段时间内将多个回应请求报文发送到源地址和目标地址之间的各个路由器，然后根据各个路由器返回的数据包计算结果。由于该命令显示数据包在任何给定路由器或链接上丢失的程度，因此可以很容易地确定可能导致网络问题的路由器或连接。

pathping 命令的用法：

```
pathping [-g host-list] [-h maximum_hops] [-i address] [-n] [-p period] [-q num_queries] [-w timeout] [-4] [-6]
```

pathping 命令各选项含义见表 11-5。

表 11-5　**pathping 命令各选项含义**

选项	含义
-g host-list	与主机列表一起的松散源路由
-h maximum_hops	搜索目标的最大跃点数
-i address	使用指定的源地址
-n	不将地址解析成主机名
-p period	两次 ping 之间等待的时间（以 ms 为单位）
-q num_queries	每个跃点的查询数
-w timeout	每次回复等待的超时时间（以 ms 为单位）
-4	强制使用 IPv4
-6	强制使用 IPv6

示例：

● 用 pathping 命令跟踪到 www.163.com 服务器主机的路径，执行 pathping www.163.com 命令，如图 11-7 所示。

6. netstat 命令

netstat 命令可以显示当前活动的 TCP 连接、计算机侦听的端口、以太网统计信息、IP 路由表、IPv4 统计信息及 IPv6 统计信息等。

netstat 命令的用法：

```
netstat [-a] [-b] [-e] [-f] [-n] [-o] [-p protocol] [-r] [-s] [-t] [-interval]
```

netstat 命令各选项含义见表 11-6。

图 11 –7　利用 **pathping** 命令跟踪到 **www. 163. com** 服务器主机的路由

表 11 –6　netstat 命令各选项含义

选项	含义
– a	显示所有连接和侦听端口
– b	显示在创建每个连接或侦听端口时涉及的可执行文件
– e	显示以太网统计，可用 – s 合用
– f	显示外部地址的完全限定域名（FQDN）
– n	以数字形式显示地址和端口号
– o	显示拥有与每个连接关联的进程 ID
– p protocol	显示 protocol 指定的协议连接
– r	显示路由表
– s	显示每个协议的统计
– t	显示当前连接卸载状态
– intervel	重新显示选定的统计

示例：

● 利用 netstat 命令查看当前主机的 TCP 连接、计算机侦听的端口、以太网统计信息、IP 路由表、IPv4 统计信息及 IPv6 统计信息，执行 netstat － a 命令，如图 11 –8 所示。

图 11 – 8　利用 netstat 命令查看当前主机的活动信息

- 显示所有活动的 TCP 连接及计算机侦听的 TCP 和 UDP：netstat – a。
- 显示以太网统计信息：netstat – e – s。

状态信息说明：

（1）LISTENING 状态：FTP 服务启动后首先处于侦听（LISTENING）状态。

（2）ESTABLISHED 状态：建立连接，表示两台机器正在通信。

（3）CLOSE_WAIT 状态：对方主动关闭连接或者网络异常导致连接中断，这时我方状态会变成 CLOSE_WAIT，此时我方要调用 close( ) 使连接正确关闭。

（4）TIME_WAIT 状态：我方主动调用 close( ) 断开连接，收到对方确认后状态变为 TIME_WAIT。

11. 1. 4　常见网络故障及排除方法

1. 网卡工作不正常

（1）故障分析。网卡不能正常工作的原因可能有以下几方面：网卡与 PCI 插槽接触不良、I/O 或 IRQ 与其他设备冲突、网卡驱动程序未正确安装、网卡物理故障。网卡属性如图 11 – 9 所示。

（2）排除办法。将网卡从主板的插槽中拔下，重新插入。一般可通过查看网卡的指示灯来初步判断网卡与主板是否接触良好。按 Win + R 组合键，在弹出的"运行"对话框中输入 cmd，单击"确定"按钮。在打开的命令行窗口中，输入 ping 命令来 ping 本机的 IP 地址。如果网卡指示灯不闪烁，基本可以判定是网卡问题或接触问题。

计算机中安装了其他类型的接口卡，可能会造成 I/O 或 IRQ 冲突。此时可以尝试将网卡换一个 PCI 插槽或者先将其他不重要的卡拔下来，再插入网卡，最后安装其他接口卡。

图 11-9　网卡属性

利用工具软件（如驱动精灵）查看网卡驱动程序是否工作正常，如果不正常则卸载后重新进行安装。

排除以上原因后，如果还不能解决问题，考虑应该是网卡的物理故障，可更换网卡。

2. 客户端无法连接服务器

（1）故障分析。

客户端无法连接服务器有以下几种可能。

系统网络属性设置不正确。如果是在对等网中，可能是由于客户端 IP 地址与服务器 IP 地址不在同一个网段或子网掩码不同；如果是在 C/S 网络中，可能是客户端的网关设置错误或没有设置网关。

物理链路不正常，如网卡与传输介质连接有问题、传输介质与交换机连接有问题、交换机与服务器或路由器连接有问题。

（2）排除办法。

查看客户端与服务器端的网络属性设置，发现问题，更改后进行通信测试。

检查网线和网卡是否接触良好。将网线拔出，检查水晶头压制是否合格。如果怀疑水晶头没有压制好，可重新制作水晶头，制作完毕将其插入网卡，在主机通电情况下查看网卡的指示灯是否闪烁。如果故障仍然存在，进行下一步检查。

检查网卡与交换机的连接网线。可以用测线仪的子母端分别连接网线两头，如果距离较远，也可以把网线一端连接交换机或网卡（计算机通电），另一端连接测线仪的母端，如果测线仪的1、2、3、6指示灯闪烁，则可以排除网络问题。如果故障仍然存在，进行下一步检查。

检查网线与交换机是否接触良好。给客户机通电，网卡的指示灯亮，查看交换机对应的端口指示灯是否也亮或闪烁。如果故障仍然存在，可考虑更换端口或更换交换机，再进行检查。

3. 客户端可以 ping 通服务器的 IP 地址，但 ping 不通域名

（1）故障分析：可能是客户端 TCP/IP 中的 DNS 服务器设置错误或没有设置。

（2）排除办法：对客户端 DNS 服务器配置项进行相应修改。

4. 无法在网络上共享文件或打印机

（1）故障分析：可能是没有安装文件或打印机共享服务组件、文件或打印机共享服务没有启用。

（2）排除方法。

在本机上安装 "Microsoft 网络的文件与打印机共享" 服务，并对该服务进行选择。以 Windows 10 操作系统为例，选择选择 "开始" → "Windows 系统" → "控制面板" 命令，打开 "控制面板" 窗口，单击 "网络和 Internet" 超链接，打开 "网络和 Internet" 窗口，单击 "网络和共享中心" 超链接，打开 "网络和共享中心" 窗口，单击 "以太网" 超链接，在 "以太网 状态" 对话框中单击 "属性" 按钮，打开 "以太网 属性" 对话框，查看是否有 "Microsoft 网络的文件和打印机共享" 选项。如果没有，则单击下方的 "安装" 按钮进行安装；如果有，则确保已经选中，如图 11 - 10 所示。

启用网络发现功能。以 Windows 10 操作系统为例，选择选择 "开始" → "Windows 系统" → "控制面板" 命令，打开 "控制面板" 窗口，单击 "网络和 Internet" 超链接，打开 "网络和 Internet" 窗口，单击 "网络和共享中心" 超链接，打开 "网络和共享中心" 窗口，单击 "更改高级共享设置" 超链接，打开 "高级共享设置" 窗口，选中 "启用网络发现" 单选按钮。

启用文件和打印机共享。以 Windows 10 操作系统为例，选择 "开始" → "Windows 系统" → "控制面板" 命令，打开 "控制面板" 窗口，单击 "网络和 Internet" 超链接，打开 "网络和 Internet" 窗口，单击 "网络和共享中心" 超链接，打开 "网络和共享中心" 窗口，单击 "更改高级共享设置" 超链接，打开 "高级共享设置" 窗口，选中 "启用文件和打印机共享" 单选按钮，如图 11 - 11 所示。

5. 系统网络属性设置完毕后，客户端联网速度变慢

（1）故障分析：可能是在本地连接属性中的 TCP/IP 中设置其 IP 地址获取方式为 "自动获取"。当客户端每次启动时需要搜索当前网络中的 DHCP 服务器，从服务器地址池获取自己的 IP 地址，导致连接网络的速度变慢。

（2）排除方法：将客户端 IP 地址的获取方式改为手工指定 IP 地址。

图 11 – 10　以太网属性

图 11 –11　启用文件和打印机共享

11.2 实训任务

常见网络测试命令的使用

常用网络测试
命令

1. 任务目标

（1）掌握 ping 和 ipconfig 命令的使用方法。

（2）掌握 arp 命令的使用方法。

（3）掌握 tracert 和 pathping 命令的使用方法。

（4）掌握 netstat 命令的使用方法。

2. 任务环境

安装 Windows 10 操作系统的计算机 1 台。

3. 任务要求

（1）使用 ping 命令测试当前主机与局域网中其他主机的连通性。

（2）使用 ping 命令测试当前主机与百度网站的连通性。

（3）使用 ipconfig 命令查看当前主机的网络属性。

（4）使用 arp 命令查看当前主机的 ARP 缓存情况。

（5）使用 tracert 命令测试当前主机到百度网站的路径。

（6）使用 pathping 命令测试当前主机到百度网站之间跃点数的情况。

（7）使用 netstat 命令查看当前主机的网络连接情况。

11.3 拓展阅读

网络故障排查工具

网络故障排查工具，包括多种应用程序和软件，用于帮助用户诊断和解决网络问题。一些常用的网络故障排查工具如下：

1. IP Tools – Network Utilities

局域网分析工具 Network Utilities 是一款功能丰富的网络环境分析工具，可以通过该软件调整和分析网络环境，软件提供了多种工具，如 LAN 扫描仪、端口扫描仪和 IP 计算器，帮助用户诊断和解决网络问题。

2. Network Analyzer Pro

该软件提供详细的网络数据，包括 ping、traceroute、LAN 扫描仪、Wi – Fi 信号计、网络速度和 DNS 查询等工具，适合分析网络连接和检查网络强度。

3. Fing 网络工具

Fing 网络分析工具可以帮助用户发现连接到 Wi – Fi 的网络设备，监视网络活动，并提醒用户网络上的变化。

4. PingTools Pro 工具

PingTools Pro 工具是一款功能丰富的手机网络测试软件，它为用户提供众多专业而且实用的网络测试工具，包括监听器、路由跟踪和端口扫描等，可以帮助用户直接在手机上查看详细的网络信息，并找到当前连接网络存在的问题。

11.4　巩固练习

一、填空题

1. _____命令可以用来测试两台主机的连通性。

2. ping 命令是利用回应请求/应答_____报文来测试目的主机或路由器的可达性的命令。

3. 实现释放所有适配器或特定适配器的 IPv4 地址的命令是_____。

4. ARP 命令的作用是_____。

5. _____是一个路由跟踪工具，可以确定可能导致网络问题的路由器或链接。

二、选择题

1. 正常运行的网络出现故障时，首先应该采取的行动是（　　）。

A. 重现故障　　　　　B. 发现故障　　　　　C. 定位故障　　　　　D. 排除故障

2. ping 127.0.0.1 通常用来（　　）。

A. 测试本机网卡是否正常工作　　　　　B. 测试本机 TCP/IP 是否正常运行

C. 测试 DNS 是否设置正确　　　　　D. 测试本机到网关的连通性

3. 使用 ipconfig 命令查看计算机网络配置信息时，看不到的信息是（　　）。

A. IP 地址　　　　　B. 子网掩码　　　　　C. 默认网关　　　　　D. 物理地址

4. 用于获得 IP 数据报访问目标时从本地计算机到目的主机的路径信息的命令是（　　）。

A. ipconfig　　　　　B. tracert　　　　　C. pathping　　　　　D. netstat

5. netstat 命令的功能是（　　）。

A. 显示与 IP、TCP、UDP 和 ICMP 相关的统计信息

B. 解决 NetBIOS 名称解析问题

C. 显示数据包到达目标主机所经过的路径

D. 是一个路由跟踪工具，可以确定可能导致网络问题的路由器或链接

6. 如果知道目的 IP 地址，想查询目标设备的 MAC 地址，（　　）协议可以实现。

A. RIP　　　　　B. ARP　　　　　C. RARP　　　　　D. ICMP

7. 使用 ipconfig/all 命令，执行的功能是（　　）。

A. 刷新和重置客户机解析程序缓存　　　　　B. 释放指定的网络适配卡的 IP 地址

C. 刷新配置　　　　　D. 显示所有网络地址的配置信息

8. ARP 工作在 OSI/RM 模型中的（　　）层。

A. 物理层　　　　　B. 数据链路层　　　　　C. 网络层　　　　　D. 传输层

9. 要显示本机的路由表信息，执行（　　）命令。

A. netstat – e   B. netstat – c   C. netstat – r   D. netstat – s

10. ping 命令中，将 IP 地址解析为主机名的参数为（　　）。

A. – n   B. – t   C. – a   D. – l

三、简答题

1. 简述排除故障的步骤。

2. 简述网卡不能正常工作的故障原因及排除方法。

3. 请列举常见的网络故障。

四、实训练习

1. 练习目的

掌握排除网络故障的基本步骤。

2. 练习环境

安装 Windows 10 操作系统的计算机 1 台，该计算机通过连接交换机和路由器连接 Internet。

3. 练习要求

如果该计算机不能正常上网，请写出排查网络故障的基本步骤。

附 录 1

练习题参考答案

项目1　初识计算机网络

一、填空题

1. 开放系统互连参考模型（OSI/RM）
2. 局域网　城域网　广域网
3. 资源　通信
4. 双绞线　同轴电缆　光纤　交叉线　直通线
5. 信息　数据　信号　单工通信　半双工通信　全双工通信

二、选择题

1~5　D B A B C　　6~10　D B B C A

项目2　网络地址规划

一、填空题

1. 网络接口层　网际层　传输层
2. SMTP
3. 网络地址　主机地址　32
4. 128　单播　组播　泛播
5. 网络　网际协议

二、选择题

1~5　B B D D C　　6~10　C B A C B

项目3　组建办公室对等网络

一、填写题

1. 总线型　星型　环型　树状
2. 介质访问控制子层（MAC子层）　逻辑链路控制子层（LLC子层）
3. 载波侦听多路访问/冲突检测
4. 中继器　集线器
5. 网桥　交换机

二、选择题

1~5　A C D A C　　6~10　C B A B D

项目4　组建虚拟局域网

一、填空题

1. 数据链路层
2. 冲突　广播
3. VLAN　广播
4. system-view　Ctrl + z
5. tab　上下方向键

二、选择题

1~5　A B A C C　　6~10　A B B D C

项目5　组建无线局域网

一、填空题

1. 无线局域网或 WLAN
2. 5 GHz　54 Mbps
3. WAN　LAN
4. 点对点对等模式　集中控制式模式
5. 定向天线　全向天线

二、选择题

1~5　A D B D C　　6~10　A B D A A

项目6　广域网技术

一、填空题

1. 物理　数据链路　网络
2. 144 bit/s
3. 非对称数字用户环路　1 Mbit/s　8 Mbit/s
4. Telnet Rlogin
5. 距离矢量路由选择算法　链路状态路由选择算法

二、选择题

1~5　D D B B C　　6~10　D C D D A

项目7　安装 Windows Server 2016

一、填空题

1. administrator
2. 255

3. 6　大写字母　小写字母　非字母字符

4. NTFS

5. 4 TB

二、选择题

1～5　C D C B C　　6～10　D B B A B C

项目 8　Windows Server 2016 中用户和组的管理

一、填空题

1. 域用户　本地用户

2. Administrator　Guest

3. Users

4. 大小字母　数字　合法的非字母数字的字符

5. 内置

二、选择题

1～5　A B C D B D　　6～10　C C A C B

项目 9　配置 Windows Server 2016 网络服务

一、填空题

1. 递归查询　迭代查询

2. 使用 ping 命令　使用 nslookup 命令

3. 自动分配　动态分配　手工分配

4. IP 作用域

5. 网页

二、选择题

1～5　C C A C B　　6～10　D C D B C

项目 10　构建网络安全防护体系

一、填空题

1. 外部环境安全

2. 法律手段、技术手段、管理手段

3. 转发

4. 代理服务器　代理客户机

5. 网络层　应用层

二、选择题

1～5　B D C D B　　6～10　B C D A C

项目 11　诊断与排除网络故障

一、填空题

1. ping
2. ICMP
3. ipconfig / release
4. 用于查看、添加和删除缓存中的 ARP 表项
5. pathping

二、选择题

1~5　A B D B A　　6~10　B D C C C

专有名词

A

AP（Access Point）	接入点
ACL（Access Control List）	访问控制列表
Ad – Hoc	点对点模式（无线局域网的互联模式）
ADSL（Asymmetric Digital Subscriber Line）	非对称数字用户线路
ANSI（American National Standards Institute）	美国国家标准协会
APIPA（Automatic Private IP Addressing）	自动专用 IP 寻址
APNIC（Asia – Pacific Network Information Center）	亚太互联网络信息中心
Application Layer	应用层
ARCNET	ARCNET 网络（典型的令牌总线网络）
ARP（Address Resolution Protocol）	地址解析协议
ARPA（Advanced Research Projects Agency）	美国国防部高级研究计划署
ARPANET	阿帕网

B

Bluetooth	蓝牙
BSIG（Bluetooth Special Interest Group）	蓝牙特别兴趣小组

C

Cable Modem	线缆调制解调器
CATV（Community Antenna Television）	社区公共电视天线系统（一般指广电有线电视系统）
CCK（Complementary Code Keying）	补码键控
CCU（Communication Control Unit）	通信控制器
CDM（Code Division Multiplexing）	码分多路复用
CERNET（China Education and Research Network）	中国教育和科研计算机网
CHINANET	中国公用计算机互联网
CHINAGBN（China Golden Bridge Network）	中国金桥网
CNNIC（China Internet Network Information Center）	中国互联网络信息中心

CSMA/CD（Carrier Sense Multiple Access/collision detection）　　载波侦听多路访问/冲突检测
CSTNET（China Science and Technology Network）　　中国科技网

D

Data Link Layer　　数据链路层
DDN（Digital Data Network）　　数字数据网
DHCP（Dynamic Host Configuration Protocol）　　动态主机配置协议
DMZ（Demilitarized Zone）　　非军事区
DNS（Domain Name System）　　域名系统
DQDB（Distributed Queue Dual Bus）　　分布式队列双总线
DSSS（Direct Sequence Spread Spectrum）　　直接序列扩频
DWDM（Dense Wavelength Division Multiplexing）　　密集波分多路复用

E

E - mail　　电子邮件
ENIAC（Electronic Numerical Integrator And Computer）　　电子数字积分计算机
ETSI（European Telecommunications Standards Institute）　　欧洲电信标准化协会

F

FDDI（Fiber Distributed Data Interface）　　光纤分布式数据接口
FDM（Frequency Division Multiplexing）　　频分多路复用
FEP（Front End Processor）　　前端处理器
FR（Frame Relay）　　帧中继
FTP（File Transfer Protocol）　　文件传输协议

G

Gateway　　网关
Gopher　　在 WWW 出现之前，互联网上最主要的信息检索工具
GPRS（General Packet Radio Service）　　通用分组无线服务
GSM（Global System for Mobile Communications）　　全球移动通信系统

H

HomeRF　　家庭射频
HTTP（HyperText Transfer Protocol）　　超文本传输协议
Hub　　集线器
Hypermedia　　超媒体
Hypertext　　超文本

I

IANA（The Internet Assigned Numbers Authority）　　互联网数字分配机构

ICMP（Internet Control Message Protocol）Internet　网际控制报文协议
ICP（Internet Content Provider）　互联网内容服务商
IEEE（Institute of Electrical and Electronics Engineers）　电气和电子工程师协会
IETF（The Internet Engineering Task Force）　国际互联网工程任务组
IIS（Internet Information Services）　Internet 信息服务
InterNIC（Internet Network Information Center）　国际互联网络信息中心
IPAddress（Internet Protocol Address）　网际协议地址
IP（Internet Protocol）　网际协议
IPAM（IP Address Management）　IP 地址管理
IPv6（Internet Protocol Version 6）　互联网协议第 6 版
iSCSI（Internet Small Computer System Interface）　Internet 小型计算机系统接口
ISDN（Integrated Services Digital Network）　综合业务数字网
ISO（International Organization for Standardization）　国际标准化组织
IVD LAN　综合声音数据的局域网

L

LAN（Local Area Network）　局域网
LLC（Logical Link Control）　逻辑链路控制子层
LPT（Line Print Terminal）　行式打印终端
LSA（Link – State Advertisement）　链路状态广播

M

MA（Multiple Access）　多路访问
MAC（Medium Access Control）　介质访问控制子层
MAN（Metropolitan Area Network）　城域网
MIB（MIB, Management Information Base）　管理信息库
MIMO（Multi Input Multi Output）　多输入多输出
Modem　调制解调器

N

Network Layer　网络层
NFS（Network File System）　网络文件系统
NIC（Network Interface Controller）　网络接口控制器
NIC（Network Interface Card）　网卡
NIC（Network Information Center）　网络信息中心
NII（National Information Infrastructure）　国家信息基础设施
NNTP（Network New Transfer Protocol）　网络信息传送协议
NVT（Network Virtual Terminal）　网络虚拟终端

O

OCDM（Optical Code Division Multiplexing）　光码分多路复用

ODX（Open Diagnostic Data Exchange） 开放式诊断数据交换

OFDM（Optical Frequency Division Multiplexing） 光频分多路复用

OFDM（Orthogonal Frequency Division Multiplexing） 正交频分复

Omni – direction 全向

OSI/RM（Open System Interconnect/ Reference Model） 开放系统互连参考模型

OTDM（Optical Time Division Multiplexing） 光时分多路复用

P

PBCC（Packet Binary Convolutional Code） 分组二进制卷积码

Physical Layer 物理层

POP3 Post Office Protocol – Version 3 邮局协议版本3

Presentation Layer 表示层

PSTN（Public Switched Telephone Network） 公共交换电话网

R

RARP（Reverse Address Resolution Protocol） 逆向地址转换协议

RFC（Request For Comments） 请求评论（是一系列以编号排定的文件，包含了关于互联网的几乎所有重要的文字资料）

RIP（Routing Information Protocol） 路由信息协议

Router 路由器

RTT（Round – Trip Time） 往返时延

S

SAGE（Semi – Automatic Ground Environment） 半自动地面防空系统

SDH（Synchronous Digital Hierarchy） 同步数字体系

Session Layer 会话层

SMTP（Simple Mail Transfer Protocol） 简单邮件传输协议

SNA（Systems Network Architecture） 系统网络体系结构

SNMP（Simple Network Management Protocol） 简单网络管理协议

SONET（Synchronous Optical Network） 同步光纤网络

Spread Spectrum Communication 扩展频谱通信

SSL（Secure Sockets Layer） 安全套接层

STP（Spanning Tree Protocol） 生成树协议

STP（Shielded Twisted Pair） 屏蔽双绞线

T

TCP（Transmission Control Protocol） 传输控制协议

TCP/IP（Transmission Control Protocol/Internet Protocol） 传输控制协议/网际协议

TDM（Time Division Multiplexing） 时分多路复用

TDMA（Time Division Multiple Access） 时分多址

Telnet	远程登录
Token Bus	令牌总线
Token Ring	令牌环

U

UDP（User Datagram Protocol）	用户数据报协议
Uni direction	定向
URL（Uniform Resource Locator）	统一资源定位符
UTP（Unshielded Twisted Pair）	非屏蔽双绞线

V

VLAN（Virtual Local Area Network）	虚拟局域网

W

WAIS（Wide Area Information System）	广域信息查询系统
WAN（Wide Area Network）	广域网
WLAN（Wireless Local Area Network）	无线局域网
WWW（World Wide Web）	万维网

参 考 文 献

［1］严争，疏凤芳. 计算机网络基础教程 ［M］. 4 版. 北京：电子工业出版社，2016.

［2］谢希仁. 计算机网络 ［M］. 7 版. 北京：电子工业出版社，2017.

［3］王协瑞. 计算机网络技术 ［M］. 4 版. 北京：高等教育出版社，2018.

［4］杨明福. 计算机网络原理 ［M］. 北京：经济科学出版社，2007.

［5］刘敬贤，高静，周建坤. 网络设备配置项目教程 ［M］. 北京：清华大学出版社，2015.

［6］杨云，杨欣斌. 计算机网络技术与实训 ［M］. 3 版. 北京：中国铁道出版社，2014.

［7］刘丹宁，田果，韩士良. 路由与交换技术 ［M］. 北京：人民邮电出版社，2017.

［8］黄林国，章仪. 网络安全技术项目化教程 ［M］. 北京：清华大学出版社，2012.